混凝土施工质量提升工法

肖强　朱炳喜　许旭东　储冬冬　著

中国水利水电出版社
www.waterpub.com.cn
·北京·

内 容 提 要

本书共分5章,详细阐述了混凝土施工质量提升的意义、现代混凝土特点、施工中存在的问题、混凝土施工质量提升创新方法;介绍了中低强度等级混凝土高性能化施工工法、低渗透高密实表层混凝土施工工法、提升氯化物环境混凝土抗氯离子渗透能力施工工法、墩墙底部延性超缓凝混凝土过渡层预防温度裂缝施工工法。

本书内容丰富,可供水利、市政、交通、电力等建设工程项目法人、设计、施工、监理、质量监督、咨询、检测、科研等行业工程技术人员使用,也可供高等院校相关专业师生参考。

图书在版编目(CIP)数据

混凝土施工质量提升工法 / 肖强等著. -- 北京:
中国水利水电出版社, 2023.10
ISBN 978-7-5226-1896-8

Ⅰ. ①混… Ⅱ. ①肖… Ⅲ. ①混凝土施工－质量管理
Ⅳ. ①TU755

中国国家版本馆CIP数据核字(2023)第209969号

书　名	**混凝土施工质量提升工法** HUNNINGTU SHIGONG ZHILIANG TISHENG GONGFA	
作　者	肖　强　朱炳喜　许旭东　储冬冬　著	
出版发行	中国水利水电出版社 (北京市海淀区玉渊潭南路1号D座　100038) 网址:www.waterpub.com.cn E-mail:sales@mwr.gov.cn 电话:(010)68545888(营销中心)	
经　售	北京科水图书销售有限公司 电话:(010)68545874、63202643 全国各地新华书店和相关出版物销售网点	
排　版	中国水利水电出版社微机排版中心	
印　刷	清淞永业(天津)印刷有限公司	
规　格	184mm×260mm　16开本　11.5印张　280千字	
版　次	2023年10月第1版　2023年10月第1次印刷	
定　价	**78.00元**	

前　言

　　水利、市政、交通、电力等建设工程混凝土往往长期处于较为苛刻甚至严酷的环境中，在风、浪、潮、冻融等环境荷载和 CO_2、H_2O、Cl^-、SO_4^{2-} 等腐蚀介质的侵蚀作用下，产生碳化、氯离子侵蚀、冻蚀、硫酸盐侵蚀、磨蚀等劣化破坏作用，混凝土结构出现裂缝、剥落、局部损伤、钢筋锈蚀等病害。

　　钢筋混凝土构件劣化是一个由表及里不断发展的过程，工程建设之初，需要从理论、技术、材料和施工工艺等方面着手，进行工程耐久性设计、施工质量控制规划；施工过程中需要针对混凝土设计技术要求，从原材料选择、配合比优化、混凝土生产、浇筑养护等方面，实施精细化管理与过程控制。保障与提升混凝土施工质量，实现设计使用年限目标，关键是提高结构表层混凝土密实性、降低混凝土渗透性；采用低用水量、低水胶比、中等乃至大掺量矿物掺合料混凝土配制技术，延长混凝土带模养护时间，采取有效的温控防裂综合技术措施，实现混凝土高性能化。

　　江苏省水利科学研究院自 2010 年以来先后承担了"低渗透高密实表层混凝土施工技术研究与应用"（2013018）、"提升沿海涵闸混凝土耐久性关键技术研究与推广应用"（2015029）、"新孟河界牌水利枢纽水工混凝土高性能施工技术研究与应用"（2018013）、"水务工程混凝土酸性环境条件下防裂缝防碳化高性能混凝土技术研究"（2017007）、"延性混凝土在墩墙结构温度裂缝预防中应用试验研究"（2019Z013）、"墩墙根部延性超缓凝混凝土过渡层减轻外约束机理研究与应用"（2023Z023）等研究课题。在有关单位的大力支持和帮助下，研究成果在工程中得到推广应用。"低渗透高密实表层混凝土施工技术""内河淡水区水工中低强度等级混凝土高性能化施工技术""提升沿海涵闸混凝土耐久性施工技术""墩墙底部延性超缓凝混凝土过渡层预防温度裂缝技术"等 5 项技术分别入选水利部《水利先进实用技术重点推广指导目录》，并被认定为水利先进实用技术。编制了中国科技产业化促进会团体标准《水工混凝土墩墙裂缝防治技术规程》（T/CSPSTC 110—2022）、《表层混凝土低渗透高密实化施工技术规程》（T/CSPSTC 111—2022）。以江苏省水利建设工程有限公司为申报主体申报的"内河淡水区水工中低强度等级混凝土高性能化施工工法"（JSSJGF 2020—604 号）、"低渗透高密实表层混凝土施工工法"（JSSJGF 2017—170 号）等 2 项工法被批准为江苏省工程建设省级工法，"墩墙底部延性超缓凝混凝土过渡层预防温度裂缝施工工法"（SDGF 1098—2022）被批准为水利行业工法。

本书在上述先进实用技术、省部级工法成果基础上编写而成，共分 5 章。第 1 章简要介绍了提升混凝土施工质量的必要性与意义，现代混凝土特点、施工存在的问题，混凝土施工质量提升创新和工法；第 2 章介绍了中低强度等级混凝土高性能化施工工法；第 3 章介绍了低渗透高密实表层混凝土施工工法；第 4 章介绍了提升氯化物环境混凝土抗氯离子渗透能力施工工法；第 5 章介绍了墩墙底部延性超缓凝混凝土过渡层预防温度裂缝施工工法。

本书由朱炳喜策划、提出编写大纲。第 1 章由朱炳喜、储冬冬、肖强撰写；第 2 章由肖强、许旭东、朱炳喜撰写；第 3 章由肖强、朱炳喜撰写；第 4 章由朱炳喜、许旭东、储冬冬撰写；第 5 章由朱炳喜、肖强、储冬冬、许旭东撰写。全书由朱炳喜统稿和核对。

在工法形成过程中，得到了江苏省水利科技项目资金、江苏省科技厅创新能力建设计划、南京市水务科技项目、江苏省水利科学研究院自主科研经费专项资金的资助，得到了江苏省水利科学研究院、江苏省水利建设工程有限公司、南京市水利建筑工程有限公司、江苏盐城水利建设有限公司、扬州水利建筑工程有限责任公司、江苏淮阴水利建设有限公司等单位领导和技术人员的支持和帮助。中国水利水电出版社责任编辑为本书出版付出了辛勤劳动和指导帮助。在付梓之际，谨向为本书提供支持、帮助的单位和人员、已列出或未列出参考文献的作者等表示衷心感谢！

限于作者水平，书中难免存在不足之处，敬请读者不吝赐教。

朱炳喜
2023 年 10 月

>>>> 目 录

第1章 绪 论

1.1 提升混凝土施工质量的必要性与意义

1.1.1 必要性

1. 耐久性问题的严重性

混凝土是当今世界用量最大、用途最广的建筑材料，是水利、市政、交通、电力等基础设施工程建设不可或缺的材料。然而，钢筋锈蚀成为影响钢筋混凝土结构耐久性的首要影响因素，很多工程尚未达到设计寿命就显现出耐久性病害。许多发达国家二战后建设的不少混凝土工程仅服役三四十年就纷纷进入老化期。美国腐蚀工程师协会调查表明，美国在1999—2001年间腐蚀造成的直接经济损失每年平均高达2760亿美元，占GDP的3.1%；《2005年美国基建调查报告》指出：美国590750座桥梁中，有27.1%有缺陷或功能丧失，未来每年将花费至少94亿美元用于维修。英国30年来的腐蚀损失平均占GDP的3.5%，每年用于修复钢筋混凝土结构的费用达200亿英镑。

我国每年因材料腐蚀付出的经济代价占GDP的3.4%～5.0%，远大于所有自然灾害损失的总和，其中，44%集中在公路、桥梁、建筑等基础设施领域，由此可见基础设施腐蚀问题也相当严重，混凝土耐久性问题相当突出。有的沿海工程使用十几年后，就出现钢筋锈蚀、保护层剥落。1985年水利电力部组织9家科研单位对全国32座混凝土高坝水电站和40余座钢筋混凝土水闸进行了耐久性和老化病害调查，结果表明混凝土耐久性劣化严重，主要表现在裂缝、渗漏溶蚀、冲刷磨损、气蚀破坏、冻融破坏、碳化和钢筋锈蚀以及水质侵蚀等六个方面，在分析耐久性劣化和病害成因时指出，混凝土设计标准低、施工工艺简陋、管理落后，是产生各种病害根本原因。

江苏省对全省1970年之前建成的60座沿海涵闸混凝土耐久性进行调查，发现因氯离子侵蚀和碳化联合作用导致钢筋锈蚀的有53座，这些涵闸已进行修复或拆除重建。1990年以后建设的沿海涵闸工程，混凝土设计强度等级提高到C25～C35，混凝土抗渗等级为W4～W8，抗冻等级为F50、F100，梁、柱、胸墙、翼墙的钢筋保护层设计厚度35mm～50mm，闸墩、底板钢筋保护层厚度为40mm～50mm。虽然混凝土设计标准有了一定程度的提高，但通过调研，混凝土耐久性仍存在下述问题：①碳化速度偏快，统计32座工程86组水上构件，在钢筋保护层设计厚度为40mm时，接近50%的构件碳化至钢筋表面时间不足50年；②氯离子向混凝土内扩散速度较快，5座建成时间15～20年的沿海挡潮闸的翼墙混凝土 Cl^- 渗透扩散深度达到50mm以上，有2座闸的翼墙钢筋表面混凝土中 Cl^- 含量达到钢筋锈蚀的临界值，钢筋面临锈蚀风险。

2. 混凝土耐久性不良原因分析

长期以来，混凝土设计主要为强度指标，但强度等级不高，设计标准偏低，基本没有对混凝土设计使用年限以及抗碳化、抗氯离子渗透、早期抗裂能力等耐久性能指标提出要求；设计阶段对工程所处环境调查分析不够，没有针对混凝土所处环境类别和环境作用等级进行耐久性设计；原材料质量和混凝土配合比未达到耐久混凝土的要求，混凝土配合比设计沿用传统的思维方式，未对混凝土用水量、水胶比等配合比参数提出控制要求，仅对混凝土强度进行验证，没有针对设计年限和所处环境对混凝土能否满足耐久性能设计指标进行试验论证；混凝土用水量和水胶比偏大；对掺矿物掺合料的混凝土仍采用传统混凝土养护措施，养护不及时、不充分，养护时间不足，混凝土得不到充分的早期养护，直接导致表层混凝土密实性降低，混凝土孔结构不合理，孔径大于 100nm 的有害孔、多害孔较多，裂缝出现几率增多，腐蚀介质易于向混凝土内渗透扩散，混凝土耐久性能下降。现代混凝土具有普遍使用化学外加剂和工业废渣的基本特征，降低了资源及环境消耗，然而，混凝土组成日趋复杂，流动性大，早期强度发展快的材料特性，导致混凝土收缩加大；大体积、强约束的现代混凝土结构，以及高温、干燥、低温、大风等严酷施工环境导致收缩开裂问题突出；施工进度加快，效益与质量矛盾，混凝土得不到早期良好养护，导致表层混凝土致密性降低，削弱了抵抗外界腐蚀介质侵入的能力。

3. 保障与提升混凝土耐久性的必要性

水工混凝土服役期间，除承受正常运营荷载外，还承受着风、浪、潮等自然环境的侵蚀，混凝土受到碳化、冻融、硫酸盐侵蚀，沿海氯化物环境还受到海水、海风和海雾中携带的氯离子侵蚀等多重破坏作用，导致表层混凝土强度降低、保护钢筋能力降低，钢筋锈蚀，缩短混凝土结构使用寿命。

建筑业消耗世界资源近 40%，若将建筑物的寿命延长 1 倍，资源与能源消耗和环境污染将会减轻一半。为此，学界和工程界做了大量调研、研究，提高混凝土施工质量、延长建筑物使用寿命已逐渐被认识，提升结构混凝土质量是实现高质量发展、节能减排、践行"双碳"目标必由之路。

目前，不少发达国家先后在基础设施领域开展长寿命耐久混凝土研究和应用，我国水利、交通、市政、电力等基础设施，经过 20 余年的高速发展，在建设技术、装备、管理方面积累了丰富的实践经验，国家也制定了政策措施，"双碳"目标的实现也需要混凝土耐久性能得到保障和提升。2000 年 1 月，国务院颁布《建设工程质量管理条例》（第 279 号令），明确规定设计文件应当注明工程合理使用年限。2017 年《中共中央、国务院关于开展质量提升行动的指导意见》（中发〔2017〕24 号）明确要求要确保重大工程建设质量，建设百年工程。《水工混凝土结构设计规范》（SL 191—2008）规定设计永久性水工混凝土结构时，应满足结构的耐久性要求，混凝土结构的耐久性要求应根据结构设计使用年限和环境类别进行设计，并对设计使用年限为 50 年和 100 年的配筋混凝土提出基本要求。《水利水电工程合理使用年限及耐久性设计规范》（SL 654—2014）规定水库工程中的 1 级、2 级建筑物使用年限分别为 150 年、100 年，防洪（潮）闸、调（输）水工程、供水泵站中的 1 级、2 级建筑物以及 1 级堤防，使用年限为 100 年，其他等级建筑物使用年限 30 年～50 年。江苏省地方标准《水利工程混凝土耐久性技术规范》（DB32/T 2333—

2013)将混凝土设计使用年限分为 100 年、50 年和 30 年 3 级,其中大型工程宜为 100 年,中型工程不宜低于 50 年。

《水利水电工程合理使用年限及耐久性设计规范》(SL 654—2014)、《水利工程混凝土耐久性技术规范》(DB32/T 2333—2013)的实施对提高水工混凝土结构的使用寿命会起到推动作用。如何实现设计使用年限目标,对混凝土配合比设计、施工、养护、防裂等带来技术挑战,下述施工技术问题有必要进一步深入研究:

(1)尽管规范对不同设计使用年限和环境下的混凝土规定了最低强度等级、抗碳化性能等级、抗冻性能等级、抗氯离子渗透性能等级、钢筋保护层最小厚度以及混凝土最大水胶比、最大用水量等要求,如何保障与提升混凝土耐久性、实现的技术路线、采取的施工方法和技术措施,需要深入研究。

(2)不同设计年限和多种侵蚀环境耦合作用下,混凝土防腐蚀基本措施和附加措施如何组合运用更加经济有效。

(3)规范对设计使用年限为 150 年的混凝土耐久性设计和施工方法未提出指导意见。

(4)从全寿命周期费用最低角度,如何进行耐久性设计与施工。

(5)目前普遍使用商品混凝土,混凝土中大量使用矿物掺合料;混凝土养护条件与组成、施工环境不相匹配,导致结构表层混凝土容易产生孔隙缺陷和可见的、不可见的裂缝,抗环境腐蚀因子侵蚀的能力降低。有必要研究养护技术对混凝土性能提升的影响。

(6)随着混凝土高早强、大流动性、中(大)掺量矿物掺合料、高浆骨比、大砂率,早期混凝土水化热大,体积稳定性变差,对混凝土抗裂技术、养护技术带来挑战,有必要研究混凝土防裂技术、养护技术。

4. 气候条件对施工期混凝土质量形成的影响

以江苏为例,江苏气候条件算不上炎热、寒冷,基本上一年四季均可进行工程施工,但对水利工程而言,大部分混凝土在冬春季节浇筑。江苏气候条件对混凝土质量形成和耐久性影响,主要体现在以下诸方面:

(1)气温越高则混凝土强度发展越快,如果气温较低,则早期强度发展缓慢。

(2)秋、冬、春季风速较大,湿度相对较低,混凝土拆模后如不能正确养护,混凝土干缩大,易产生浅层的干缩龟裂缝,也影响混凝土中胶凝材料水化进程,易产生有害孔隙,对混凝土表层密实性影响较大。

(3)闸墩、翼墙等结构,在昼夜温差较大或混凝土拆模后遇到较大的降温天气,会导致混凝土温度应力过大而产生温度裂缝。

1.1.2 意义

混凝土涉及材料学、力学、施工工艺学等多个学科领域,材料学和力学方面有关混凝土的特性,从宏观、微观等方面已形成了相对成熟的理论体系和应用方法。在施工工艺学方面,随着混凝土功能要求不断提高、应用技术不断发展,现代混凝土施工工艺复杂程度已远超过 30 多年前,特别是伴随着新材料、新技术和新工艺的推广应用,以及对混凝土耐久性的日益重视,相关技术标准对混凝土施工质量控制、质量评价提出了更加严格的要求,混凝土质量也不再仅仅是强度单一要求。随着预拌混凝土的发展,对混凝土质量控制既有生产方的过程控制,重视拌和物性能的稳定性,又有浇筑、养护过程的控制。实现混凝土质量提升，既要重视原材料、配合比参数，又要重视混凝土养护、裂缝预防，实现表层混凝土良好的孔隙结构和对钢筋的良好保护作用，可以说提升混凝土施工质量是一个系统工程。

高耐久、长寿命混凝土可看成是一种新型的高品质、高性能混凝土，保障与提升混凝土使用寿命，有利于提高工程投资效益，降低资源消耗。

开展混凝土质量提升技术研究，并在工程中得到推广应用，形成相应的工法。有志于此，作者团队经过数年努力，形成表层混凝土低渗透高密实化施工技术、中低强度等级混凝土高性能化施工技术、提升沿海涵闸混凝土抗氯离子渗透能力施工技术、墩墙底部设置过渡层减轻外约束裂缝预防施工技术等先进实用技术和省部级工法，旨在为实现混凝土设计寿命目标、推动混凝土高质量发展提供技术支撑和工程示例。

1.2　现代混凝土特点

1. 组成复杂

混凝土除了水泥、砂、石和水等传统的 4 组分外，以高效减水剂、高性能减水剂和矿物掺合料的使用为特征，胶凝材料不再是传统意义上的水泥，矿物掺合料以及机制砂中的石粉等已被纳入胶凝材料范畴。消纳有益的工业废渣已成为混凝土技术发展、协同环保和践行"双碳"目标的时代要求。各种功能性材料用于改善混凝土性能，如有抗裂性能要求的混凝土宜掺入抗裂纤维，有抗冻要求的混凝土掺入优质引气剂，配制高耐久、高性能混凝土要求减水剂的减水率不宜低于 25%，有高密实要求的混凝土宜掺入超细掺合料，有抗磨蚀要求的混凝土宜掺入硅粉；还有减胶剂、抗离析剂、表面增强剂等材料用于混凝土。

2. 性能要求多样化

现代混凝土性能除了力学性能外，还应满足现场施工工艺、耐久性能、体积稳定性能和经济性等要求，现代混凝土向高强度、高韧性、高阻裂、高体积稳定性、高耐久方向发展，现场混凝土向表层致密化、裂缝减量化、抗侵蚀能力高性能化、服役年限长寿化方向发展，混凝土施工向绿色、低碳、生态转变。实现混凝土高性能化是化解产能过剩、节能减排、行业转型升级、促进混凝土技术进步和质量提升的必然之路。

3. 用简单的工艺制作的复杂体系

（1）现代混凝土进入了新常态，具体表现为：原材料品质下降，材料质量波动导致混凝土生产控制难度加大，成本增加，增加质量问题发生率；利废、环保、节能与混凝土性能要求矛盾突出；实现强度容易，满足耐久性能、防止产生有害裂缝不易；改善新拌混凝土的工作性能、满足可施工性成为第一需要；机制砂替代河砂，大量含石粉的、简易加工的机制砂用于混凝土；砂石品质下降，机制砂混凝土砂率增加，甚至达到 50% 以上，影响到混凝土强度，开裂风险增加。

（2）混凝土组成多样化，细粒材料增多，多组分增加了过程控制的复杂性，也带来质量控制难度加大。不同组成材料之间用量和颗粒粒径大小的显著差异，需要高精度的计量设备来保证计量准确、足够的搅拌时间将材料拌和均匀；各组分密度不同，粉煤灰和外加剂容易上浮分层。

（3）中等（大）掺量矿物掺合料混凝土配制技术赋予混凝土良好的拌和物性能、可泵性能、低水化热温升、密实性能和耐久性能，但可能带来早期强度发展慢，需要的养护时间更长，矿物掺合料对混凝土强度和耐久性能的改善显著依赖于水胶比、用水量等配合比参数，实现结构混凝土耐久性能需要优选原材料，实现低用水量、低水胶比、矿物掺合料中等（大）掺量配制技术目标。

（4）为满足泵送工艺、减轻浇筑劳动强度，入仓混凝土要求具有较大的坍落度、良好的流动性能和填充密实性能；拌和物工作性能、含气量、温度等成为决定硬化混凝土性能的关键因素之一。对入仓混凝土均匀性要求更高，否则影响硬化混凝土匀质性。

（5）化学外加剂与胶凝材料、湿法生产的机制砂（可能含有絮凝剂）之间时常发生不相溶现象，影响到拌和物质量和硬化混凝土的质量。

（6）混凝土裂缝控制难度和成本增加。泵送混凝土粗骨料粒径基本小于31.5mm，砂率36%～45%，浆骨比大，C40以下混凝土水胶比小于0.45，用水量降低，胶凝材料用量提高；混凝土中微细颗粒多；水泥偏细、早期水化速度快；减水剂引起混凝土收缩变大；结构配筋率高、体积大，受到的内外约束变大。由此导致混凝土体积稳定性变差，开裂风险提高。

4．施工过程控制需要精细管理

混凝土制备与浇筑、养护分离，混凝土质量监管要求高，结构混凝土质量更加依赖于过程控制。大量掺入矿物掺合料的混凝土要求早期养护充分，施工养护技术要求更高，养护时间更长。否则不能发挥矿物掺合料活性、致密效应，不能形成良好的微结构。结构混凝土体积变大，胶凝材料用量多，内外约束大，需要温控措施到位，采取内降温外保温等措施控制里表温差，延缓降温速率。

1.3 现代混凝土施工存在的问题

1．对混凝土的认识仍然是传统观念

参建单位真正了解现代混凝土的人不多；未能做到根据混凝土性能和服役环境优选原材料、优化配合比，常规做法仅是简单的强度验证，强度第一的思想具有普遍性；养护重视不够，没有考核措施；解决裂缝措施不到位，投入不足。

工程技术人员对现代混凝土特点、配制技术、养护要求不甚了解，观念陈旧，仍采用传统方法配制、生产、浇筑、养护混凝土。如有抗冻要求的混凝土害怕使用引气剂，认为掺入引气剂会引起混凝土强度降低，对优质引气剂对混凝土拌和物性能改善、控制混凝土含气量不大于6%基本不会引起强度损失的认识不足；又如工程技术人员认为混凝土中掺入膨胀剂会增加体积膨胀，因而能有效降低开裂风险，但对掺膨胀剂混凝土的配制技术、养护要求、使用环境认识不到位，许多用了膨胀剂的混凝土起了反作用，开裂更严重了。

2．非技术因素影响混凝土质量倾向加重

现代混凝土集中生产、商品化、大流动、长距离运输，预拌混凝土可以说是现代混凝土的代表。然而，混凝土制备与浇筑养护分离，非技术因素对质量影响加重。

预拌混凝土产能利用率尚不足 35%，江苏省 2022 年预拌混凝土产量为 26584 万 m^3，平均每个生产企业生产量为 23.8 万 m^3，价格竞争往往被迫成为第一选择，也导致大量低品位原材料用于工程，混凝土配合比不满足耐久混凝土对水胶比、用水量的控制要求，甚至使用阴阳配合比。

施工单位对混凝土原材料质量控制、生产、交货验收不重视，到工坍落度不满足泵送施工工艺要求时往往随意多加水；预拌混凝土企业对混凝土浇筑、养护也不能实现有效管理。对强度不够、裂缝增多、硬化混凝土劣化加快等问题相互抱怨，与生产和使用质量控制权转移有关。

3. 原材料的品质下降

不能做到按混凝土性能要求选择合适的材料，导致混凝土用水量、胶凝材料用量偏大；使用低品位的粗骨料和细骨料，甚至违规使用海砂、未经净化工艺处理的淡化海砂、钢渣、潜在安定性不良的镍渣；大量的机制砂为简易工艺设备生产，未经整形、粉控工艺处理，粒形差、级配不合理、石粉含量或亚甲蓝值偏高，机制砂母岩品质不高，甚至使用风化的母岩、软质岩石等生产。

水泥性能不能很好地适应混凝土的要求，熟料早强矿物多，混合材品质差、品种杂、掺量多，越磨越细。水泥早期水化速率大，混凝土早期强度发展快；水泥碱含量提高、温度偏高，与减水剂相容性变差，由于水泥的原因导致混凝土坍落度损失加快、开裂风险陡增。

混凝土产业发展面临消纳工业废渣、尾矿渣、建筑垃圾的压力，利废、环保、节能是混凝土产业可持续发展的必然之路，但固废材料资源化利用常引起混凝土质量问题。

4. 设计提出的强度指标不利于混凝土耐久性控制

水工混凝土耐久性设计主要依据《水利水电工程合理使用年限及耐久性设计规范》（SL 654—2014），该标准是以最低强度等级和最大水胶比分别对强度和耐久性能进行控制。以某挡潮闸的胸墙为例，设计使用年限为 100 年，不同行业规范对混凝土耐久性设计要求见表 1.1。由表 1.1 可见，虽然水工、水运规范对混凝土强度等级要求最低，但氯离子扩散系数、电通量等指标与所比较的 4 本规范基本一致，也就是说，配合比设计要满足这些要求，混凝土实际达到的强度并不比其他行业规范要求低。然而，工程投标、配合比设计基本上是按强度要求进行，这给耐久性控制带来困难。

表 1.1　设计使用年限为 100 年的某挡潮闸胸墙混凝土设计参数指标对比

指标	规范①、规范②	规范③	规范④	规范⑤	规范⑥
环境类别/环境作用等级	五类	Ⅲ-E	E	海水浪溅区	Ⅲ-E
混凝土最低强度等级	C40	C50	C45	C40	C50
最大水胶比	0.35	0.36	0.40	0.35	0.36
最低水泥/胶凝材料用量/(kg/m³)	400	—	340	400	360
最大氯离子含量/%	0.06	0.1	0.1	0.10	0.06
混凝土保护层最小厚度/mm	55（主筋）	60（最外层筋）	40（最外层筋）	70（主筋）	65（最外层筋）

指　标		规范①、规范②	规范③	规范④	规范⑤	规范⑥
电通量（56d）/C		＜800	—	＜800	＜1000	—
氯离子扩散系数 /（×10⁻¹²m²/s）	28d	≤4.0	≤4.0	≤5.0	—	—
	56d	—	—	—	≤4.5（浪溅区）≤6.5（水变区）	—
	84d	—	—	—	—	≤3.5

注　1. 规范①为《水利水电工程合理使用年限及耐久性设计规范》（SL 654—2014）；
　　2. 规范②为《水工混凝土结构设计规范》（SL 191—2008）；
　　3. 规范③为《混凝土结构耐久性设计标准》（GB/T 50476—2019）；
　　4. 规范④为《公路工程混凝土结构耐久性设计规范》（JTG/T 3310—2019）；
　　5. 规范⑤为《水运工程结构耐久性设计标准》（JTS 153—2015）；
　　6. 规范⑥为《水利工程混凝土耐久性技术规范》（DB32/T 2333—2013）。

5. 没有根据现代混凝土的特点设计混凝土

作者统计了190组C30、C35混凝土配合比，75％的用水量大于170kg/m³，84％的水泥用量大于280kg/m³，73％的水胶比大于0.45。大部分工程混凝土用水量和水胶比大于规范的要求，或者说混凝土配合比参数不能满足耐久混凝土配制要求。

混凝土配合比设计没有针对所处的环境、设计性能要求对原材料选用、耐久性能进行专门的试验论证。由于耐久性试验需要2～4个月，客观上也造成很多工程在配合比设计阶段没有时间进行相关的试验。

6. 没有根据现代混凝土特点组织施工

现代混凝土性能要求多、材料多变性突出、组成复杂、矿物掺合料多、水胶比低、受到的约束增加，混凝土已不再依赖过多地使用水泥，耐久混凝土侧重于要求混凝土有较低的用水量和水胶比，中等或大掺量地掺入矿物掺合料；混凝土高流动性砂率偏高、胶凝材料用量偏多。因此，施工过程中如果不针对混凝土的特点组织施工，容易产生质量问题。常常表现在搅拌时间偏短，搅拌不均匀，特别是掺入膨胀剂、聚丙烯纤维、功能外加剂的混凝土没有延长搅拌时间；养护普遍不重视，带模养护时间不足，持续湿养护时间普遍偏短；裂缝问题依然严重，与混凝土早期水化热温升高、降温阶段散热速度快有关，也与混凝土没有很好地组织裂缝预防、投入不足息息相关。

7. 预拌混凝土监管问题突出

混凝土工业化、专业化生产，预拌混凝土是从环保、专业化生产角度出发，推行的现代混凝土生产与供应方式。施工单位从预拌混凝土生产企业购买的混凝土，对预拌混凝土生产企业是产品，而对施工单位只是半成品。

然而，施工单位过分信任和依赖预拌混凝土生产企业的质量管理，施工和监理等单位从原材料、配合比、生产、运输、交货检验等环节过程控制不到位，忽视了预拌混凝土商品属性，放松制备过程的质量管理，甚至过分依赖和信任预拌混凝土生产企业的质量管理；同样地，预拌混凝土生产企业对混凝土浇筑施工和养护监督检查未尽义务，未对混凝土浇筑施工和养护提出具体要求，未对浇筑养护过程担负监督检查的责任。一旦出现质量问题，溯源与责任追究难度大，也会造成工期和费用的损失。

8. 实体结构质量仍需提高

实体混凝土强度达不到设计要求的情况时有发生；蜂窝、麻面、裂缝、渗水窨潮等常见质量通病依然带有普遍性；保护层密实性能和厚度控制还需提高。

作者团队通过检验 C25～C50 混凝土人工碳化深度发现，内河水上大气区混凝土 29% 不满足 50 年不大于 20mm 的技术要求，74% 不满足高性能混凝土 50 年不大于 15mm 的技术要求，79% 不满足 100 年不大于 10mm 的技术要求。26 组混凝土氯离子扩散系数只有 4 组满足 50 年的技术要求，13 组电通量中 7 组评价为差、6 组评价为一般。说明混凝土抗碳化性能、抗氯离子渗透性能和密实性能还需进一步提高。

9. 混凝土耐久性能验收评价不到位

现代混凝土验收评价仍然主要是强度的验收评定，未对原材料、配合比参数、拌和物性能、耐久性能等进行综合评价。

10. 优质优价与定额管理

结构混凝土实现强度、耐久性能，保证保护层密实性，裂缝得到有效控制，均需采取技术经济措施。现有的定额和市场信息指导价都是以混凝土强度作为基准，不同设计使用年限、使用环境的混凝土强度等级可以是相同的，但实现使用年限目标在原材料选择、配合比参数选用、防裂与养护投入等方面的要求是不同的，以强度作为混凝土定额基准不利于工程投标、造价审计和施工质量控制。尚未能实现优质优价，未采取创优质工程激励措施。

1.4　混凝土施工质量提升创新

1. 转变观念

（1）现代混凝土技术和产业存在的问题、困惑和瓶颈，对混凝土强度、耐久性影响的认识需要更新。水工混凝土质量提升，需要更新观念、思维方法，消化吸收已有的知识成果、实践经验。

（2）行政管理部门按使用年限为基准制定混凝土概预算定额，研究混凝土过程控制质量综合评价方法、实施优质优价激励办法。

（3）大中型水利工程在初步设计和施工图设计阶段开展相关的原材料选择、配合比优化设计试验研究，为施工招标、合同签订、编制施工技术要求提供支撑。加大科研投入和新材料、新技术、新工艺推广应用力度。

（4）原材料选用不能仅仅考虑价格因素，而应根据混凝土性能要求、施工环境和服役环境选用优质常规原材料，慎重使用可能对混凝土性能带来不利影响的原材料。

（5）混凝土宜采用低用水量、低水胶比和中等（大）掺量矿物掺合料混凝土配制技术。如碳化环境设计使用年限 100 年 C30 混凝土，水胶比不宜大于 0.40，用水量不宜大于 150kg/m³，胶凝材料用量宜为 360kg/m³～390kg/m³，粉煤灰和矿渣粉掺量宜为胶凝材料用量的 40% 左右，粉煤灰与矿渣粉掺量比为 1∶1～1∶2。氯化物环境设计使用年限 50 年 C35 混凝土，水胶比不宜大于 0.36，用水量不宜大于 140kg/m³，胶凝材料用量宜为 390kg/m³～410kg/m³，粉煤灰和矿渣粉掺量宜为胶凝材料用量的 45% 左右，粉煤灰与矿渣粉掺量比宜为 1：1。

（6）掺入抗裂纤维能够降低早龄期混凝土的收缩率和开裂面积，提高混凝土的体积稳定性，限制裂缝开展宽度。

（7）以优质水泥、高品质骨料、聚羧酸高性能减水剂和合理胶凝材料用量为现代混凝土重要技术基础。重视矿物掺合料在混凝土中的作用，将机制砂中的石粉视为胶凝材料，发挥掺合料填充、降黏、致密、增强作用。

（8）重视骨料粒形、级配、岩性等对混凝土用水量、胶凝材料用量以及力学性能、变形性能的影响，选择经除土、破碎、整形、粉控等工艺规模化生产的优质机制砂。控制粗骨料的最大粒径，100 年的混凝土宜使用高性能骨料，且粗骨料粒径不宜大于 25mm。

（9）重视优质引气剂对新拌混凝土工作性、均质性和可泵性能的改善，以及对硬化混凝土抗冻性能、抗硫酸盐侵蚀能力、抗氯离子渗透能力和韧性的提高作用。

（10）谨慎使用膨胀剂等功能性外加剂，应严格按照规范和产品说明书的要求进行施工。

2. 按照现代混凝土技术特点优化配合比

（1）水工混凝土设计与施工规范对水胶比、胶凝材料用量的规定仍为传统混凝土的技术要求，现代混凝土配制应遵循"低水胶比、低用水量、较低水泥用量、中等（大）矿物掺合料掺量"的技术路线，秉持中低强度等级混凝土粉体不宜过少的原则。

（2）混凝土配合比设计必须考虑混凝土性能要求、原材料品质，以用水量控制和耐久性能要求为设计技术路线，水胶比可以依据胶凝材料组成和对强度、耐久性的要求进行选择而不一定计算。

（3）重视混凝土工作性能，是实现混凝土力学、耐久性能和体积稳定性能的基础。

（4）粗骨料用量是衡量混凝土高性能化、抗裂风险的重要指标，在保证良好施工性能前提下，更多地使用粗骨料。

3. 混凝土从强度设计转向耐久性设计

（1）耐久性设计内容。混凝土耐久性设计应根据侵蚀类型、环境作用等级、设计使用年限，合理确定最低强度等级、耐久性能指标、保护层厚度、最大水胶比、最大用水量、胶凝材料用量以及使用过程中定期维护的要求，不应直接套用规范规定的混凝土最低强度等级，同时还应提出有利于保障与提高混凝土浇筑质量和耐久性能的施工方案建议。

（2）基本措施和附加措施组合技术。基本措施为设置合理的保护层厚度和混凝土强度等级，选用优质原材料、降低混凝土渗透性、提高密实性、降低开裂风险的施工技术措施。处于严酷腐蚀环境下的结构部位，有时仅仅依靠基本措施还不能保证必要的护筋能力，需要额外增加护筋措施，如混凝土表面防护涂层、硅烷浸渍、钢筋阻锈剂、电化学防护等；或者在混凝土中掺入抗裂纤维、超细掺合料，使用透水模板布等措施，进一步提高混凝土的抗裂性能或密实性。

（3）合理确定混凝土强度等级。混凝土配合比设计分为按强度设计和按耐久性（水胶比）设计，前者的水胶比往往大于后者，最终获得的强度前者要低于后者。《水利工程混凝土耐久性技术规范》（DB32/T 2333—2013）、《水利水电工程合理使用年限及耐久性设计规范》（SL 654—2014）对碳化和氯化物环境水上大气区混凝土配制技术要求比较见表

1.2。由表 1.2 可见，尽管两本规范对混凝土最低强度等级要求不同，但对最大水胶比的要求基本一致，混凝土配合比按不大于最大水胶比进行设计，根据两本规范的要求最终获得的混凝土强度基本上是一致的，在投标报价和施工过程质量控制时要注意到这个问题。

表 1.2　　　　　　　碳化和氯化物环境水上大气区混凝土配制技术要求

设计使用年限 /年	《水利工程混凝土耐久性技术规范》 (DB32/T 2333—2013)				《水利水电工程合理使用年限及耐久性设计规范》 (SL 654—2014)			
	碳化环境（Ⅰ-C）		氯化物环境（Ⅲ-E）		二类环境（碳化）		五类环境（氯化物）	
	最低强度等级	最大水胶比	最低强度等级	最大水胶比	最低强度等级	最大水胶比	最低强度等级	最大水胶比
50	C35	0.50	C45	0.40	C25	0.55	C35	0.40
100	C40	0.45	C50	0.36	C30	0.45	C50	0.40

（4）合理确定配合比参数。水胶比和用水量是影响混凝土密实性两个主要因素之一，为获得耐久性能良好的混凝土，需要根据环境条件及混凝土所在结构部位限定最大水胶比及最大用水量。如某沿海挡潮闸设计使用年限为 50 年，设计文件确定闸墩、翼墙、胸墙处于五类环境，混凝土设计指标为 C35F50W6、56d 电通量≤800C、28d 氯离子扩散系数≤$6.0×10^{-12}\,m^2/s$。施工招标文件规定混凝土水胶比≤0.40，用水量≤160kg/m³。施工阶段经配合比优化确定混凝土水胶比≤0.38、用水量≤140kg/m³，电通量和氯离子扩散系数才能满足设计要求。

在如东县刘埠水闸、大丰区三里闸、南京市九乡河闸站、新孟河延伸拓浚界牌水利枢纽等工程混凝土配合比优化设计过程中，采用正交试验等方法进行配合比优化设计，对考察指标较优的配合比组成进行人工碳化深度、氯离子扩散系数、电通量、72h 收缩率、刀口抗裂等试验，推荐试验室配合比，并在施工现场进行试浇筑，形成施工配合比。

（5）开展等寿命设计。不同结构部位混凝土所处局部微环境不同，受浇筑施工影响不同部位的密实性不尽相同，因此，不同部位劣化速度是不一样的。如迎风面、迎海面、朝阳面混凝土碳化深度、氯离子渗透深度大于背风面、背海面、背阴面，受氯离子侵蚀破坏作用总体呈现浪溅区＞水变区＞大气区，碳化深度总体呈现大气区＞浪溅区＞水变区，构件的棱角、梁的底面、朝阳面和迎风面，更易受环境侵蚀介质的侵入。室内将混凝土浸泡于 16.5% 盐水溶液中 84d，氯离子渗入深度棱角比非棱角部位深 4mm～6mm，相差1.2～1.6 倍，人工碳化深度相差 1.1～1.5 倍。因此，需要考虑构件等寿命设计，根据结构构件表面局部微环境研究提高实体混凝土薄弱部位抗侵蚀能力的措施，实现构件各个部位具有相同的寿命。

（6）结构构造设计。突出保护层对钢筋保护能力设计，保护层厚度所指对象应为箍筋或分布筋。构件形状、布置和构造应简洁，尽量减少暴露的表面和棱角，避免应力集中。确定合理的伸缩缝间距，布置抗裂钢筋，采用合适的结构构造和温度控制技术措施。构造设计应有利于施工，钢筋的布置应便于混凝土浇筑振捣。构件表面形状和构造应有利于排水，避免水、气和有害介质在混凝土表面积聚。

（7）施工过程裂缝控制设计。施工过程裂缝控制需要采取综合防裂抗裂措施，混凝土结构抗裂设计包括伸缩缝间距、抗裂钢筋设置、混凝土材料质量要求（配合比参数、抗裂等级、收缩率）、温控方案设计（入仓温度、通水冷却措施、保温保湿养护措施、施工期温度监测）、减轻约束措施设计、有害裂缝宽度限值、裂缝处理要求等。

在常规裂缝控制措施基础上，采取的措施还有：在混凝土中掺入水化热抑制剂，降低水泥早期水化放热速率；掺粉煤灰的混凝土采用56d龄期强度进行验收与评定，利用混凝土后期强度有利于配制低水化热混凝土；墩墙根部使用低弹模超缓凝混凝土过渡层，减轻早期下部结构对上部结构变形的约束。

4. 施工招标文件提出混凝土耐久性技术要求

施工招标文件应根据工程设计使用年限、环境类别、设计强度等级，明确混凝土原材料质量要求，推荐最大用水量、最大水胶比和胶凝材料用量控制范围，提出混凝土抗碳化、抗氯离子渗透、抗冻、抗渗、早期抗裂等耐久性能技术指标；对混凝土制备、保护层厚度控制、施工期温度控制与监测、混凝土养护、施工缺陷处理等提出具体要求；提出混凝土耐久性能指标检测要求和合格验收标准。在编制施工招标标底时，应考虑保证混凝土耐久性的合理价格水平，并列入施工技术措施费、检测试验费用等。

5. 混凝土施工由粗放管理向精细化方向发展

现代混凝土往往根据性能要求添加不同的材料，组成材料复杂，材料之间性能差异大，控制指标多；混凝土性能要求表现在新拌混凝土工作性能和硬化混凝土力学性能、耐久性能、体积稳定性能等诸方面；结构混凝土形成过程质量验收环节多，原材料质量的波动、施工环境的多变和质量控制环节不到位，都会影响到混凝土性能。现代混凝土组分多，强度逐渐提高、矿物掺合料用量大、水胶比低、混凝土性能要求多、专业化生产、长距离运输、泵送入仓流动度大，结构尺度增大、配筋量增加、受约束程度增加，混凝土保温保湿养护要求高。现代混凝土的特点决定了混凝土成为用简单工艺制作的复杂人工材料。

提高混凝土施工质量，不是简单地将混凝土强度等级提高1级或2级，或全部选择性能优良的原材料。实现混凝土各项性能指标，需要合适的施工工艺和过程控制作保证。施工管理应从粗放型向精细化方向转变，需要针对工程结构特点、混凝土性能、施工环境、养护条件，制定切实可行的质量控制技术方案和工序管理措施，从原材料优选、配合比优化以及生产、浇筑、振捣和养护等方面实施全过程控制。

强化混凝土质量控制措施的编制及落实，保证工程质量达到规范规定、设计要求和合同约定，实现一次成活、一次成优目标。混凝土高效建造重视施工的科学管理和科技进步，提高混凝土质量控制措施的有效性。

施工阶段混凝土精细化施工，关键是做好人、机、料、法、环以及混凝土组成、保护层、密实性、养护等过程控制。施工单位要针对工程所处环境条件、养护条件、施工环境，制定质量控制方案和工序管理技术措施。从技术、经济两个方面提高混凝土的质量。需要全过程控制、全员参与、全面评价，提升混凝土质量需要在人、机、料、法、环五个方面打基础，在配合比组成、施工养护上下工夫，实现保护层混凝土密实性和厚度控制目标。

保障与提升混凝土施工质量，精细化施工主要体现在以下几方面：

（1）重视工程技术人员业务培训、教育与知识更新，重视施工作业人员基础知识和技能培训、素质教育。

（2）重视原材料质量。选择有利于减少混凝土用水量和胶凝材料用量、降低混凝土开裂敏感性、提高体积稳定性的原材料，减少原材料质量波动。重视粗细骨料的级配和粒形，设计使用年限为 100 年的混凝土宜使用满足《建设用砂》（GB/T 14684—2022）和《建设用卵石、碎石》（GB/T 14685—2022）中Ⅰ类粗细骨料，50 年的混凝土可使用Ⅱ类粗细骨料。重视外加剂对混凝土性能的改善，减水剂的减水率不宜低于 25%，有抗冻要求的混凝土应掺入引气剂，有抗裂要求的混凝土可掺入抗裂纤维、水化热温升抑制剂。

（3）混凝土采用低用水量、低水胶比配制技术，掺入粉煤灰、矿渣粉等矿物掺合料，减少水泥和胶凝材料用量，降低胶骨比。

（4）控制混凝土有害成分。避免使用脱硫粉煤灰、脱硝粉煤灰、原状灰和磨细灰；杜绝使用钢渣、镍渣、未净化海砂。限制混凝土中水溶性氯离子、碱、三氧化硫等有害物质含量，未经论证不应使用碱活性骨料。

（5）有效控制施工各道工序。重点做好钢筋保护层厚度及其密实性控制，做好常见质量通病预防。

（6）将养护质量视为提升混凝土施工质量的一道重要工序。推广带模养护技术，设计使用年限为 50 年和 100 年的混凝土分别不宜少于 10d、14d。

（7）加大混凝土裂缝预防投入，提高防裂措施的针对性和有效性。

（8）提高上部结构混凝土外观质量，推广清水混凝土施工技术、装配式结构，提高混凝土生产的工业化水平。

6. 推广应用先进实用技术

（1）中低强度等级混凝土高性能化技术。实现途径为选用优质常规原材料、优化配合比、双掺粉煤灰与矿渣粉、掺聚羧酸高性能减水剂，矿物掺合料掺量中等或大掺量，设计使用年限为 100 年的混凝土用水量不宜大于 145kg/m³、水胶比不宜大于 0.40、C30～C40 混凝土胶凝材料用量 360kg/m³～420kg/m³，矿物掺合料掺量 40%～50%；同时带模养护时间 10d～14d；必要时采用通水冷却等施工技术措施防止产生温度裂缝。

（2）表层混凝土致密化技术。混凝土高密实和高耐久首先应体现在结构混凝土的表层，并不一定是整体。混凝土采用"二优三掺三低一中（大）"配制技术，即优选混凝土原材料，优化配合比，复合掺入粉煤灰、矿渣粉等掺合料，掺入高性能减水剂和优质引气剂，矿物掺合料采用中等（大）掺量，较低的用水量、水胶比，这是提高混凝土表层密实性最基本的配制技术措施。延长带模养护时间、加强养护是提高混凝土表层密实性、降低表层混凝土透气性最基本的施工技术措施，内衬透水模板布、掺超细掺合料能够进一步提高混凝土表层密实性。

（3）低水化热与防裂抗裂混凝土配制技术。选用需水量低的胶凝材料，使用级配和粒形好、空隙率低的粗细骨料，使用减水率不低于 25% 的高性能减水剂，降低混凝土用水量、水胶比和胶凝材料用量；混凝土中等乃至大掺量地掺入矿物掺合料，降低水泥用量；混凝土中掺入抗裂纤维能够提高混凝土抗裂能力、降低早期收缩率，改善体积稳定性。混凝土尽可能做到多用骨料少用胶凝材料，多用粗骨料少用细骨料，多用矿物掺合料少用水泥熟料。

（4）减轻结构早期外约束防裂技术。在墩墙的根部浇筑一层厚度 0.3m～0.6m 的低弹模超缓凝混凝土过渡层，低弹模超缓凝混凝土为在普通混凝土中掺入超缓凝剂和橡胶粉，初凝时间 40h～80h，7d 抗压强度 5MPa～20MPa，28d 抗压强度 25MPa～50MPa（与结构设计强度相同），韧性好于普通混凝土。采用该技术后，在过渡层凝结硬化前让墩墙底部过渡层以上的混凝土先完成部分变形，从而减轻底板对墩墙温度变形的约束，降低墩墙温度应力，减少开裂风险，并将有害裂缝转变为无害裂缝。

（5）提高沿海涵闸混凝土耐久性技术。由于氯离子半径远小于二氧化碳，因此，要求氯化物环境混凝土更加致密。为此，需要控制混凝土用水量不宜高于 $140kg/m^3$，水胶比低于 0.40；复合掺入 35%～50% 的粉煤灰和矿渣粉；对于 E 级、F 级等严酷环境混凝土，可掺入超细掺合料，与水泥、粉煤灰、矿渣粉等形成复合胶凝材料；在模板内衬透水模板布等措施提高混凝土自身密实性；混凝土带模养护时间不宜少于 14d；必要时采用硅烷浸渍来延缓、阻止氯离子向混凝土内部的迁移。

（6）带模养护技术。该技术既能提高表层混凝土的密实性，又能提高表层混凝土的耐久性能。模拟大板试验表明：随着带模养护时间的延长，混凝土氯离子扩散系数和人工碳化深度降低，带模养护 14d 混凝土氯离子扩散系数、人工碳化深度与标准养护基本接近。

1.5 提升混凝土施工质量工法

2010 年以来，江苏省水利科学研究院等单位结合水工混凝土质量保障与提升的需要，围绕水工结构全寿命安全、可靠和高效运营的目标，开展"低渗透高密实表层混凝土施工技术研究与应用""提升沿海涵闸混凝土耐久性关键技术研究与推广应用""新孟河界牌水利枢纽水工混凝土高性能化施工技术研究与应用""水务工程混凝土酸性环境条件下防裂缝防碳化高性能混凝土技术研究""延性混凝土在墩墙结构温度裂缝预防中应用试验研究"等水利科技项目研究，并在 20 余个工程中成功应用，应用工程的混凝土施工质量得到显著提升，总结研究与应用成果，形成了 4 项省部级施工工法。

1.5.1 水工中低强度等级混凝土高性能化施工工法

总结新孟河延伸拓浚界牌水利枢纽和南京市九乡河闸站等工程实现混凝土高性能化施工经验，在江苏省水利建设工程有限公司企业工法《内河水工建筑物中低强度等级混凝土高性能化施工工法》、南京市水利建筑工程有限公司企业工法《水工高性能混凝土施工工法》基础上，形成工法。

工法提出控制混凝土原材料质量、控制用水量和水胶比等配合比参数、延长带模养护时间、加强施工过程质量精细化管理，采取综合技术措施，实现内河淡水区水工中低强度等级混凝土高性能化；从设计、生产和实体结构质量等方面提出了现场混凝土高性能化评价方法。

工法提出混凝土主要性能控制指标如下：C30 混凝土 28d 人工碳化深度＜10mm，56d 电通量＜1000C，氯离子扩散系数＜$4.5 \times 10^{-12} m^2/s$，抗渗等级≥W10，抗冻等级

≥F150。C40 混凝土 28d 人工碳化深度＜10mm，56d 电通量＜800C，氯离子扩散系数＜$3.5×10^{-12}$ m²/s，抗渗等级≥W12，抗冻等级≥F200。为实现中低强度等级混凝土高性能化控制目标，本工法提出下列技术措施：

（1）优选原材料。改进混凝土用水量偏大、水胶比偏高、胶凝材料和水泥用量偏大的传统配制技术，选用优质常规原材料，水泥宜选择强度等级不低于 42.5 级的普通硅酸盐水泥和硅酸盐水泥；粉煤灰宜选择 F 类 Ⅰ 级粉煤灰、Ⅱ 级粉煤灰；矿渣粉宜选择 S95 级；细骨料宜选用细度模数 2.5～3.0 的 2 区天然河砂或机制砂；粗骨料最大粒径不宜超过 31.5mm，2 级配或 3 级配；减水剂宜使用减水率不低于 25% 的高性能减水剂；有抗裂要求的结构可掺入有机合成纤维。

（2）混凝土"二优三掺三低一中（大）"配制技术。即优选原材料，优化配合比，掺粉煤灰与矿渣粉、掺高性能减水剂，低用水量、低水胶比、较低的水泥用量，矿物掺合料掺量 40%～55%；控制单方用水量，设计使用年限为 50 年、100 年的混凝土用水量分别不宜大于 160kg/m³、150kg/m³，水胶比分别不宜大于 0.45、0.40。

（3）混凝土施工过程质量精细化管理。控制混凝土自由下落高度不大于 1.5m；延长带模养护时间，设计使用年限为 50 年、100 年的混凝土带模养护时间分别不宜少于 10d、14d；拆模后采取喷雾、覆盖等措施进行保湿养护；有温度控制要求的底板、闸墩和站墩，宜采取通水冷却等温控综合措施。

工法技术效果好，社会经济效益显著，有利于提高工程的投资效益、节约资源，推广应用前景广阔。《内河淡水区水工中低强度等级混凝土高性能化施工工法》被评定为江苏省省级工法（图 1.1），并入选水利部《2021 年度水利先进实用技术重点推广指导目录》（证书号 TZ2021073），认定为水利先进实用技术（图 1.2）；《水利工程应用预拌混凝土实现高性能化施工质量控制软件》《水利工程应用中高强度等级的预拌混凝土实现高性能化后评价软件》分别获得计算机软件著作权；获 2022 年度江苏省水利科技进步三等奖。

工法不仅适用于内河淡水区水工中低强度等级混凝土实现高性能化，还可以应用于沿海受氯离子侵蚀的混凝土，也适用于交通、建设、水运等中低强度等级混凝土实现高性能化。

图 1.1　混凝土高性能化施工工法证书

图 1.2　混凝土高性能化施工技术——水利
先进实用技术推广证书

1.5.2 低渗透高密实表层混凝土施工工法

混凝土耐久性一定程度上是指现场表层混凝土的耐久性能，混凝土抵抗外界腐蚀因子渗透的能力是衡量混凝土耐久性的一项重要指标。在提高混凝土耐久性的诸多措施中，在设置适当保护层厚度的前提下提高表层混凝土密实性，实现表层混凝土密实度梯度分布，是提高混凝土耐久性最有效、最经济、最长久的措施。本工法提出表层混凝土低渗透高密实化施工方法，为提高表层混凝土密实性，实现表层混凝土低渗透高密实，保障与提升混凝土耐久性提供了一种施工技术与方法。

工法通过优选混凝土组成材料，优化配合比，按照"低用水量、低水胶比、控制胶凝材料总量"原则制备混凝土，从材料层次提高混凝土密实性、降低混凝土水化热、提高混凝土抗裂能力；同时，延长带模养护时间，保持早期混凝土表面温度和湿度条件，减少拆模后风吹日晒引起的表层混凝土干缩过大、养护不充分，导致表层混凝土产生微裂缝和毛细粗孔。

工法提出根据工程设计使用年限和所处环境条件，在常用模板上粘贴透水模板布，混凝土浇筑过程中将混凝土表层的水和气泡排出，从而降低表层混凝土水胶比，改善表层混凝土的孔结构、提高密实度，从而提高混凝土的耐久性。混凝土有温控防裂要求时，将混凝土模板改进成保温保湿养护模板，改进的模板使用双层模板，与混凝土接触面的模板上粘贴透水模板布，两层模板之间夹保温材料，模板上设置注水孔，在混凝土降温阶段保温材料对混凝土起着较好的保温作用，减缓降温速率。

工法提出在养护阶段推迟拆模时间，模板布吸收的水分对表层混凝土起到良好的保湿养护作用，必要时还可通过模板上设置的注水孔向混凝土表面注入养护水，通过模板布向混凝土表面散布，保持混凝土表面处于湿润状态，实现混凝土早期良好的保湿养护条件。

工法的实施降低了混凝土用水量和水胶比，改善了混凝土养护条件；使用透水模板布后进一步降低了表层混凝土水胶比和用水量，提高表层混凝土强度和密实性，从而提高混凝土耐久性；同时，还有效消除混凝土表面的气泡、砂眼、砂线、收缩裂纹等缺陷。

工法技术效果好，社会经济效益显著，推广应用前景广阔。《低渗透高密实表层混凝土施工工法》被评定为江苏省省级工法（图1.3），"中低强度等级混凝土表层致密化施工方法"获发明专利，同时获实用新型专利1项，《水工建筑物高密实表层混凝土施工质量控制软件》获计算机软件著作权；编制中国科技产业化促进会团体标准《表层混凝土低渗透高密实化施工技术规程》（T/CSPSTC 111—2022），"低渗透高密实表层混凝土施工技术"入选《2019年度水利先进实用技术重点推广指导目录》（证书号 TZ2019042，图1.4），"低渗透高密实表层混凝土施工技术研究与应用"获 2018 年度江苏省水利科技进步二等奖。

1.5.3 提升沿海涵闸混凝土耐久性施工工法

提升沿海涵闸混凝土耐久性，提高混凝土抗碳化、抗氯离子侵蚀、抗硫酸盐侵蚀和抗冻能力，一方面需要提高混凝土设计标准，另一方面需要严格的施工质量控制，改进现有普通混凝土原材料组成、配合比和施工工艺，采用新材料、新技术和新工艺，进一步提高混凝土密实性、强化保护层混凝土质量。虽然初期投资略有增加，但长期来看，由于减少了建筑物修复费用，延长了使用寿命，具有较高的经济和社会效益。

图 1.3　低渗透高密实表层混凝土　　　　图 1.4　低渗透高密实表层混凝土施工技术——
　　　　施工工法证书　　　　　　　　　　　　　水利先进实用技术推广证书

工法技术效果好，社会经济效益显著，推广应用前景广阔。《提升沿海涵闸混凝土耐久性施工技术》入选水利部《2023 年度水利先进实用技术重点推广指导目录》（证书号 TZ2023176 号，图 1.5），认定为水利先进实用技术。

图 1.5　提升沿海涵闸混凝土耐久性施工技术——
水利先进实用技术推广证书

1.5.4　墩墙底部延性超缓凝混凝土过渡层预防温度裂缝施工工法

墩墙结构温度裂缝产生机理复杂、影响因素众多，现有的温控措施尚不能有效地控制墩墙裂缝。通过深入研究和工程试点应用，提出在墩墙的底部浇筑一层 30cm～60cm 延性超缓凝混凝土过渡层，减轻底板对墩墙早期的外约束，为墩墙温度裂缝预防提供一种组合方法。

延性超缓凝混凝土特点：在普通混凝土中掺入超缓凝剂、橡胶粉等材料，混凝土初凝时间 40h～80h，早期强度和弹性模量发展较慢，28d 抗压强度 25MPa～50MPa（与结构设计强度相同），与底板混凝土黏结强度不低于普通混凝土，弯曲韧性和变形能力好于普通混凝土，抗冻达到 F100 以上，抗渗达到 W6 以上。

工法已在多个国家和省重点工程中得到成功应用，墩墙采用设置过渡层技术后混凝土应变降低 80$\mu\varepsilon$～135$\mu\varepsilon$，与同类结构相比开裂面积降低 47%～78%。

工法技术效果好，社会经济效益显著，推广应用前景广阔。《墩墙底部延性超缓凝混凝土过渡层预防温度裂缝施工工法》被评定为 2022 年水利水电工程建设工法（图 1.6），《一种防止墩墙混凝土温度裂缝的施工方法》《初凝时间为 48h～72h 延性缓凝细石混凝土的制备方法》获发明专利，"延性超缓凝混凝土施工质量控制软件""墩墙根部延性超缓凝混凝土过渡层减轻约束预防温度裂缝施工工法软件"获得计算机软件著作权，"墩墙底部延性超缓凝混凝土过渡层预防温度裂缝技术"入选水利部《2022 年度水利先进实用技术重点推广指导目录》（证书号 TZ2022200）（图 1.7），"墩墙减轻外约束温控技术"列入中国科技产业化促进会团体标准《水工混凝土墩墙裂缝防治技术规程》（T/CSPSTC 110—2022）。

图 1.6　水利水电工程建设工法证书

图 1.7　墩墙底部延性超缓凝混凝土过渡层
预防温度裂缝技术——水利先进
实用技术推广证书

第2章 中低强度等级混凝土高性能化施工工法

2.1 工法的形成

2.1.1 工法形成原因

（1）高性能化已成为混凝土发展和应用的方向。资源节约、环境保护、混凝土耐久性问题已迫使工程界提升混凝土品质、混凝土向高性能化发展，应用高性能混凝土已上升到国家政策和战略。2014年8月住房和城乡建设部、工业和信息化部颁发《关于推广应用高性能混凝土的若干意见》（建标〔2014〕117号），意见指出："通过完善高性能混凝土推广应用政策和相关标准，建立高性能混凝土推广应用工作机制，优化混凝土产品结构，到'十三五'末，高性能混凝土得到普遍应用，提升高性能混凝土应用水平……"2015年8月31日工业和信息化部、住房和城乡建设部联合印发《促进绿色建材生产和应用行动方案》，提出："推广应用高性能混凝土，鼓励使用C35及以上强度等级预拌混凝土，推广大掺量掺合料及再生骨料应用技术，提升高性能混凝土应用技术水平。研究开发高性能混凝土耐久性设计和评价技术，延长工程寿命"。《江苏省绿色建筑发展条例》第38条提出"新建建筑应当推广应用高性能混凝土"，这是江苏省首次以立法形式推广应用高性能混凝土。2015年全国高性能混凝土推广应用技术指导组成立；2016年住房和城乡建设部等部门选定江苏等6个试点省，每个试点省选择2个以上试点城市，每个试点城市选择2个以上试点工程；2017年江苏省确定徐州市和苏州市为高性能混凝土推广应用试点城市，26家预拌混凝土生产单位为试点企业，8项工程确定为试点项目。通过试点，目的是提高高性能混凝土应用水平、推广绿色生产和管理技术、形成科学有效和切实可行的高性能混凝土推广应用管理模式。

（2）水工混凝土质量提升需要改进配合比设计理念和方法。江苏省水利科学研究院收集了190组水工混凝土配合比，发现以下问题：

1）混凝土用水量偏高，大于 $170kg/m^3$ 的占70%。

2）混凝土水胶比大于0.45的占75%以上。

3）存在不敢使用粉煤灰、矿渣粉等矿物掺合料，或掺量明显偏大，且混凝土用水量和水胶比又偏大。

4）混凝土中水泥用量普遍偏高，部分工程C25、C30混凝土水泥用量高达 $360kg/m^3 \sim 390kg/m^3$，造成混凝土水化热及其温升偏高。

调查结果表明混凝土用水量和水胶比高于规范的要求带有普遍性，大部分混凝土配合比不能满足耐久混凝土配制技术要求，是造成混凝土耐久性不良、有害裂缝较多的原因之一，也说明所使用的混凝土与高性能混凝土的要求还有较大的差距。

（3）混凝土抗碳化能力有待进一步提高。江苏省水利科学研究院对 24 组 C25～C50 混凝土进行人工碳化试验，结果 70％不满足《高性能混凝土应用技术指南》中规定的碳化 I-C 环境 50 年不大于 15mm 的技术要求，79％不满足 100 年不大于 10mm 的技术要求。近年来随着普遍使用机制砂，混凝土抗碳化能力并未得到进一步的提升，这也说明推广应用高性能混凝土还有较长的道路需要人们去探索，并为之努力，需要做大量的科研、工程示范等推广应用工作。

（4）混凝土抗氯离子渗透能力和密实性能有待进一步提高。江苏省水利科学研究院对 C25～C50 混凝土取样制作 15 组试件，测试氯离子扩散系数和电通量，同时对实体工程钻芯取样室内测试氯离子扩散系数和电通量，对照《水利工程混凝土耐久性技术规范》（DB32/T 2333—2013），15 组标准养护试件 84d 的氯离子扩散系数，仅有 1 组满足 50 年设计使用年限的技术要求；现场芯样试件 11 组，混凝土氯离子扩散系数仅有 3 组达到 50 年设计使用年限的技术要求。9 组标准养护 56d 试件电通量，6 组为 Q-Ⅱ级、评价为差，3 组为 Q-Ⅲ级、评价为一般；4 组现场混凝土芯样电通量试验，1 组电通量为 Q-Ⅱ级、评价为差，3 组电通量为 Q-Ⅲ级、评价为一般；13 组试件均没有评价为较好和好的。电通量和氯离子扩散系数反映混凝土抗氯离子渗透能力和密实性能还需进一步提高。

（5）水利工程预拌混凝土应用水平需要提高。目前江苏省内的水利工程已普遍应用预拌混凝土，然而，预拌混凝土生产企业主要服务于建设和市政工程，大部分生产企业技术人员不熟悉水工混凝土的质量标准、原材料质量要求和配合比设计要求，施工单位对水工混凝土配合比设计和耐久性等方面的特定要求也不熟悉。

（6）水利工程推广应用高性能混凝土的需要。高性能混凝土研究应用已有 20 多年时间，但由于对高性能混凝土认识不足，基本概念不统一，评价体系尚未建立等原因，高性能混凝土应用还不普遍、进展较缓慢，我国高性能混凝土推广应用尚处于起步推广阶段，大量低强度等级、低耐久的混凝土仍在应用。目前水工混凝土普遍使用 C25～C35 强度等级的混凝土，根据调查，绝大部分技术人员对高性能混凝土不了解，预拌混凝土生产者和使用者对混凝土原材料选用、配合比参数选择、混凝土制备、施工浇筑、养护等阶段如何实现混凝土高性能化未作深入研究，对如何制备和施工出满足水工高性能混凝土特定要求的认识还不足，水利工程应用高性能混凝土的基础研究仍显滞后；高性能混凝土推广应用还缺少政府部门的引领和推动；缺少水利工程使用高性能混凝土评价标准；混凝土造价也显偏低；也缺少工程示范应用实例。

20 世纪 90 年代末江苏省某水利工程尝试 C25 混凝土高性能化研究与应用，但该工程混凝土与现阶段高性能混凝土的技术要求相比尚不能说混凝土实现高性能化。新沭河三洋港挡潮闸应用大掺量磨细矿渣粉高性能混凝土，江苏省水利科学研究院等单位积极开展混凝土高性能化研究与推广应用，但总体而言高性能混凝土在水利工程应用尚处于起步阶段。

陈锡林、沈长松在《江苏水闸工程技术》一书中将水工高性能混凝土定义为："具有一定强度（≥C30）和高工作性、高耐久性（使用寿命≥100 年）的混凝土"，C30 以上的混凝土实现高性能化，对提高混凝土耐久性、提高投资效益意义重大。

2.1.2　工法形成过程

2.1.2.1　研究开发单位与依托科研项目

本工法由江苏省水利科学研究院研制开发并负责技术指导,江苏省水利建设工程有限公司、南京市水利建筑工程有限公司和江苏盐城水利建设有限公司等单位现场推广应用,总结研究与工程推广应用成果,形成工法,并获得 2020 年江苏省级建设工法。

依托科研项目主要有:江苏省水利科技基金资助项目"新孟河延伸拓浚界牌水利枢纽工程水工混凝土高性能化施工技术研究与应用"(2018013 号)、"提升沿海涵闸混凝土耐久性关键技术研究与应用"(2015029 号)、南京市水务科技项目"酸性环境下水务工程混凝土防裂缝防碳化高性能技术研究"。

2.1.2.2　关键技术

(1) 内河淡水区水工中低强度等级 100 年寿命混凝土高性能化施工成套技术。混凝土复合掺入粉煤灰和矿渣粉,用水量≤150kg/m³、水胶比≤0.40,矿物掺合料中等或大掺量;延长带模养护时间,设计使用年限为 100 年和 50 年的混凝土带模养护时间分别不宜少于 14d 和 7d;有防裂要求的混凝土宜掺入抗裂纤维,并通水冷却。

(2) 酸性环境下水务工程混凝土防裂缝防碳化高性能化施工成套技术。混凝土复合使用粉煤灰和矿渣粉;选用优质常规原材料,控制用水量≤140kg/m³;采用大掺量矿物掺合料混凝土配制技术;带模养护时间不宜少于 14d;有抗裂要求的混凝土,采取掺入抗裂纤维、通水冷却等技术措施。

(3) 水工中低强度等级 100 年设计寿命混凝土精细化施工过程质量控制技术。从原材料选择、配合比参数、制备、浇筑、养护、常见质量通病防治,混凝土碳化深度、密实性能表征指标,现场自然碳化深度和空气渗透系数等技术参数指标,提出了 100 年设计寿命混凝土精细化施工过程质量控制与评价技术。

(4) 水工混凝土高性能化评价方法。对混凝土耐久性设计、原材料、配合比参数、绿色生产、施工质量控制以及现场混凝土的强度、早期自然碳化深度、抗氯离子渗透能力、空气渗透系数等质量评定参数,从混凝土设计、生产和实体质量三个方面建立了高性能化评价模型与方法。

2.1.2.3　工法应用

(1) 2016 年 10 月—2017 年 5 月在江苏省重点水利工程南京市九乡河闸站工程应用。

(2) 2018 年 8 月—2019 年 3 月,在国家重点水利工程太湖治理新孟河拓浚延伸界牌水利枢纽工程应用。

2.1.3　知识产权与相关评价

1. 计算机软件著作权

(1)《水利工程应用预拌混凝土实现高性能化施工质量控制软件》(2020R11L842457)。

(2)《水利工程应用中高强度等级的预拌混凝土实现高性能化后评价软件》(2020R11L842498)。

2. 相关评价

(1)"新孟河界牌水利枢纽水工混凝土高性能化施工技术研究与应用"专家验收会议纪要:项目依托新孟河界牌水利枢纽工程,开展了水工混凝土高性能化配制、施工、养护等关键技术研究，提出了混凝土高性能化原材料品质控制指标，开展了温控防裂、施加预应力对抗裂性能的影响仿真计算分析；提出了内河淡水区水工中低强度等级 100 年寿命混凝土高性能化施工成套技术和混凝土高性能化评价方法，具有创新性；研究成果推广应用前景广阔。

（2）"酸性环境下水务工程混凝土防裂缝防碳化高性能技术研究"专家验收会议纪要：项目开展了水工混凝土配合比、耐久性能调研，分析了南京市环境荷载对混凝土质量形成和耐久性的影响，研究了混凝土养护技术、胶凝材料组成、配合比参数等对混凝土耐久性能的影响研究，由此确定了水工中高强度高性能混凝土配合比方案，并进行了水工中高强度等级混凝土高性能化施工质量控制及评价方法的研究。项目提出的水利工程应用预拌混凝土高性能化后评价方法和酸性环境下水务工程混凝土防裂缝防碳化高性能化施工成套技术，具有创新性；研究成果已在南京市九乡河闸站等工程应用，取得了良好的技术经济效益，推广应用前景广阔。

3．工法名称及编号

《内河淡水区水工中低强度等级混凝土高性能化施工工法》被评定为江苏省省级工法，工法编号 JSSJGF2020—604。

4．先进实用技术

《内河淡水区水工中低强度等级混凝土高性能化施工技术》入选水利部《2021 年度水利先进实用技术重点推广指导目录》（证书号 TZ2021073），被认定为水利先进实用技术。

2.1.4　工法意义

工法提出保障与提升水工中低强度等级混凝土施工质量和耐久性、实现高性能化施工技术与方法，为水工中低强度等级混凝土向高性能化方向发展从原材料选择、配合比参数选用、施工质量控制、混凝土高性能化评价等方面，提供施工技术和工程示例，为水利工程推广应用高性能混凝土提供技术支撑，同时，也适用于水运、建设、市政、交通等工程，具有良好的经济效益和社会效益。

2.2　工法特点、先进性与新颖性

2.2.1　特点

1．提出了中低强度等级混凝土高性能化施工方法

（1）优选原材料。使用符合标准要求且某些性能略优的优质常规原材料，选择减水率不低于 25％的高性能减水剂，优化骨料颗粒级配，掺入抗裂纤维，从材料层次为实现混凝土低用水量和低水胶比配制技术、提高混凝土密实性、实现混凝土高性能化打下基础。

（2）"三低三掺一中（大）"配制技术。混凝土高性能化配制技术重点关注提高混凝土密实性和体积稳定性、低热性，采用低用水量、低水胶比、较低的水泥用量、双掺粉煤灰和矿渣粉、掺高性能减水剂，矿物掺合料掺量达到中等或大掺量配制技术路线。

（3）改进浇筑工艺。混凝土浇筑施工除应满足《水工混凝土施工规范》（SL 677—2014）等规范的规定外，工法强调完善施工工艺及质量控制措施，提高混凝土质量稳定性、均匀性。混凝土自由下落高度不大于 1.0m～1.5m，否则需采取串管、溜槽等缓降措

施防止入仓混凝土离析，提高入仓混凝土均匀性；采用中低频振捣器，防止高频振捣器在振捣过程中使混凝土含气量损失加大。

（4）保证带模养护时间。如果混凝土过早拆模，因大气风速往往达到 3m/s 左右，会导致表层混凝土过早、过快地失水，也会过早失去模板对混凝土表面的保温和保湿作用，引起表层混凝土收缩增加、密实性能降低，易出现龟裂缝和粗大毛细孔隙。因此，带模养护时间宜达到 10d～14d。

（5）提高微环境湿度。5℃以上浇筑混凝土时，宜在现场设置喷雾装置，喷雾养护从混凝土浇筑开始，直至养护结束，提高混凝土所处微环境的湿度，为混凝土养护、防止失水提供条件。

2．建立混凝土高性能化评价方法

从混凝土设计、生产和实体质量三个方面建立了内河淡水区水工混凝土高性能化后评价模型与方法。

2.2.2　先进性与新颖性

（1）设计使用年限为 100 年的水工混凝土按《水利水电工程合理使用年限及耐久性设计规范》（SL 654—2014）、《水工混凝土结构设计规范》（SL 191—2008）进行设计，混凝土最低设计强度等级为 C30，而《混凝土结构耐久性设计标准》（GB/T 50476—2019）、《公路工程混凝土结构耐久性设计规范》（JTG/T 3310—2019）等标准对混凝土的最低强度等级要求是 C40，跨江大桥等基础设施工程的上部结构混凝土强度等级为 C40～C50。为使水工混凝土抗碳化性能或抗氯离子渗透性能达到 100 年的技术要求，工法从混凝土配合比和施工质量控制等方面提出实现混凝土高性能化和设计使用年限目标的技术措施。工法提出"水工中低强度等级 100 年寿命混凝土高性能化施工成套技术""酸性环境下水务工程混凝土防裂缝防碳化高性能化施工成套技术""水工中低强度等级混凝土高性能化评价方法"以及《水利工程应用预拌混凝土实现高性能化施工质量控制要点》，具有创新性。

（2）本工法提出中低强度等级混凝土实现高性能化施工方法，即优选优质常规原材料，对原材料某些品质指标提出要求，混凝土配合比采用低用水量、低水胶比和较低水泥用量配制技术，矿物掺合料掺量达到中等偏上乃至大掺量。《高性能混凝土技术条件》（GB/T 41054—2021）等规范提出了水胶比控制等配制技术要求，本工法从材料层次提高混凝土的密实性，降低混凝土的孔隙率，从而降低大气中 CO_2 等腐蚀介质向混凝土内渗透扩散速率。

（3）工法提出混凝土带模养护时间要求，5℃以上天气混凝土自浇筑开始至养护结束采用喷雾养护措施，目的是提高养护效果，提高表层混凝土的密实性，从而提高抗碳化能力和抗氯离子渗透能力。

（4）工法在多个国家和省重点水利工程应用，现场混凝土的表面密实性得到显著提高，混凝土抗碳化能力和抗氯离子渗透能力得到提高，混凝土耐久性得到保障与提升，也说明工法的先进性和适用性。

（5）与国内外同类工程技术水平相比较，工法关键技术在水利工程行业领域处于领先水平。

2.3　适用范围

本工法适用于内河淡水环境和沿海受氯离子侵蚀的水工混凝土，混凝土服役阶段受到的侵蚀环境为碳化环境、氯化物环境、冻融环境和酸雨侵蚀环境，混凝土设计强度等级 C30 及以上，闸墩、站墩、翼墙、排架、工作桥、公路桥等结构部位，混凝土设计使用年限为 50 年和 100 年及以上。

本工法同时适用于交通、建设、水运等工程中低强度等级混凝土实现高性能化。

2.4　工艺原理

1. 高性能混凝土的定义

《高性能混凝土技术条件》（GB/T 41054—2021）、《高性能混凝土评价标准》（JGJ/T 385—2015）对高性能混凝土的定义为：以建设工程设计、施工和使用对混凝土性能特定要求为总体目标，选用优质常规原材料，合理掺加外加剂和矿物掺合料，采用较低水胶比并优化配合比，通过预拌和绿色生产方式以及严格的施工措施，制成具有优异的拌和物性能、力学性能、耐久性能和长期性能的混凝土。

高性能混凝土以可施工性、耐久性能作为主要控制指标，其对原材料、配合比、性能、生产及施工等技术条件的要求较常规混凝土更为严格，目前重要的水工建筑物明确提出 100 年设计使用年限目标，或者说要达到高性能化的技术要求。

2. 中低强度等级混凝土高性能化工艺原理

（1）选用优质常规原材料。工法从材料层次提出提高混凝土密实性的材料选择方法，原材料质量除满足产品质量标准外，工法对原材料的某些性能指标提出特定要求，如水泥的标准稠度用水量不宜大于 27％，使用高性能减水剂，优化骨料颗粒级配，使用粒形良好的骨料。这是基于配制满足混凝土配合比参数、抗裂防裂和提高混凝土密实性能等要求，为降低混凝土用水量和胶凝材料用量、配制低水胶比和有较高体积稳定性的混凝土打下基础。控制原材料中有害物质含量，如氯离子、碱含量；避免使用碱活性骨料，为运行阶段混凝土正常运用、防止产生有害反应打下基础。

（2）低用水量、低水胶比和中等（大）掺量矿物掺合料混凝土配制技术。

1）配制技术路线。混凝土采用中等掺量或大掺量矿物掺合料、低用水量、低水胶比和较低的水泥用量配制技术，并适当降低胶凝材料用量和砂率，提高混凝土密实性和体积稳定性。

2）复掺技术。混凝土中复合掺入矿渣粉、粉煤灰等优质掺合料，发挥矿物掺合料性能互补作用，提高混凝土拌和物性能，降低混凝土的黏性，提高可泵性，提高硬化混凝土的密实性能。

3）降低用水量。从原材料选择和配合比优化入手降低混凝土用水量，按照低用水量、低水胶比、中等（大）掺量矿物掺合料用量、较低水泥用量的原则设计混凝土。

a）用水量对控制混凝土开裂至关重要。因为仅依靠控制水胶比尚不能解决混凝土中因浆体过多，引起收缩和水化热增加的负面影响。在保持强度（水胶比）相同的条件下，减少用水量可降低混凝土胶凝材料用量，可相应降低浆骨比，从而减少混凝土的温度收缩、自收缩，有利于降低混凝土开裂风险。相同胶凝材料用量的混凝土，用水量越大，则混凝土干燥收缩越高，减少单方用水量，能够降低混凝土的干燥收缩。

b）混凝土用水量影响混凝土孔结构。混凝土理论用水量约为 0.23，为保证拌和物工作性能，用水量均大于 0.23。多余的水在混凝土凝结硬化过程中蒸发，形成孔隙，用水量越大，孔径大于 100nm 的有害孔、多害孔越多。某工程 C25 混凝土用水量分别采用 $190kg/m^3$、$173kg/m^3$，6.5 年现场混凝土自然碳化深度前者是后者的 1.4 倍，说明降低用水量是提高混凝土抗碳化等耐久性能的有效途径。

c）控制混凝土用水量是配合比设计关键技术。用水量对混凝土电通量和氯离子扩散系数影响试验结果分别见图 2.1、图 2.2。试验结果表明随着用水量的增加，混凝土电通量和氯离子扩散系数均显著增加，当用水量大于 $175kg/m^3$ 时，氯离子扩散系数和电通量增加更多。说明随着单位用水量的增加，混凝土密实性能显著降低。

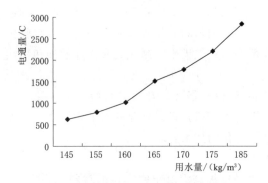

图 2.1　混凝土用水量与电通量关系图　　图 2.2　混凝土用水量与氯离子扩散系数关系图

（3）提高混凝土体积稳定性。混凝土温度裂缝产生与早期抗裂性能和收缩率有着密切关系，宜通过刀口抗裂、72h 早期收缩率等试验对比，筛选早期抗裂性能好、收缩率低的原材料和配合比。

工法提出提高混凝土体积稳定性主要技术措施：减少混凝土用水量，降低胶凝材料用量；粗骨料用量不宜少于 $1050kg/m^3$；混凝土中复合掺入粉煤灰和矿渣粉，利用粉煤灰和矿渣粉两种矿物掺合料对混凝土性能互补作用，适当提高掺合料的掺量，降低水泥用量，以降低混凝土水化热及其温升；混凝土中掺入抗裂纤维，减少早期收缩率（图 2.3），阻止早期微裂缝扩展，分散裂缝，减少裂缝宽度，防止产生有害裂缝。

（4）加强施工过程质量控制。高性能混凝土不是混凝土搅拌站可以独立生产的，混凝土浇筑、养护施工过程质量控制是实现混凝土高性能化最后、最重要的环节之一，在实现混凝土高性能化施工过程中做到以下几点：

1）制定高性能混凝土施工技术方案。

2）施工单位应安排专人驻厂检查原材料、配合比、计量、拌和物质量等，并收集保存有关生产资料。

3）应按施工方案进行混凝土浇筑，确保混凝土浇筑到位，质量均匀。

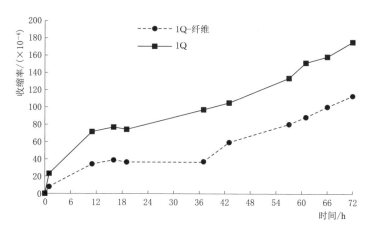

图 2.3 掺抗裂纤维对混凝土早龄期收缩率影响试验

4）采用中低频振捣器振实。

5）混凝土自由下落高度不宜大于 1.5m，大于 1.5m 时应采取缓降措施。

（5）延长带模养护时间。水工建筑物一般地处野外，江苏省常年平均风速在 3m/s 左右。如过早拆模，混凝土表面湿度骤降、混凝土里表温差增加。因此，混凝土应保证带模养护时间，其中，内河淡水区设计使用年限为 100 年的混凝土不宜少于 14d，设计使用年限为 50 年的混凝土不宜少于 10d；沿海设计使用年限为 50 年及以上的混凝土不宜少于 14d。

1）图 2.4 为九乡河闸站工程闸墩混凝土收缩率试验结果。试件成型后，表面覆盖塑料薄膜，在混凝土初凝后 9h 收缩快速增加，9h 之后混凝土收缩增加趋缓；在 282h 将试件表面覆盖的塑料薄膜揭去后，15h 内混凝土收缩率急骤增加 67×10^{-6}。说明拆模后引起混凝土表面湿度的急骤降低，导致混凝土干缩迅速增加。推迟拆模，有利于减少因湿度变化引起的微应变；也让混凝土强度有较好的增长环境，有利于水泥的早期水化，改善混凝土孔结构。

2）混凝土带模养护：一是可以保持混凝土表面湿度，改善早期养护条件，防止拆模后表面湿度和温度急骤降低，有利于维持表层混凝土强度增长和良好孔结构形成所需要的养护条件；二是胶合板模板可以起到一定程度的保温作用，减少混凝土里表温差；三是可以提高混凝土抵抗干缩应力的能力，有利于减少因湿度变化引起的收缩应力突变。

3）模拟混凝土浇筑、养护情况，制作大板试件，拆模时间对混凝土氯离子扩散系数、碳化深度的影响分别见图 2.5、图 2.6。试验结果表明随着带模养护时间延长，混凝土氯离子扩散系数和碳化深度总体上降低，14d 拆模的混凝土氯离子扩散系数、碳化深度与标准养护的基本接近。

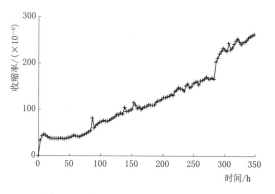

图 2.4 九乡河闸站工程闸墩混凝土
早期收缩率发展曲线

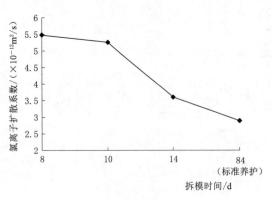

图 2.5　带模养护时间对混凝土氯离子扩散系数影响

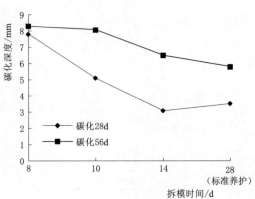

图 2.6　带模养护时间对混凝土碳化深度的影响

2.5　施工工艺流程与操作要点

2.5.1　工艺流程

以闸墩施工为例，中低强度等级混凝土高性能化施工工艺流程见图 2.7。

2.5.2　操作要点

2.5.2.1　底板插筋

底板钢筋安装过程中，根据设计要求将闸墩竖向钢筋插入底板，并与底板内钢筋点焊固定牢固。

2.5.2.2　测量放样

复核导线控制网和水准点。确定闸墩纵横向轴线、闸墩位置线以及闸门埋件位置线，用墨线或红油漆等标记。

2.5.2.3　结合面混凝土凿毛与清理

在底板闸墩位置线内由人工或凿毛机对底板结合面范围内的混凝土凿毛处理，凿除表面浮浆和松散的混凝土层，用高压水或扫帚将表面清理干净。人工凿毛时混凝土强度应达到 2.5MPa 以上，机械凿毛时混凝土强度应达到 10MPa 以上。

2.5.2.4　钢筋制作安装

钢筋制作安装工艺流程见图 2.8。

（1）放样。钢筋放样师画放样图。

（2）下料与切割。按放样图进行主筋、箍筋、分布筋下料、切割，必要时钢筋进行清污除锈和调直处理。

（3）钢筋加工：①水平分布筋、门槽插筋等按施工图所示和规范的要求加工成规定的形状；②钢筋端头加工；③钢筋采用机械连接时，接头螺纹加工；④分布筋采用焊接连接时，可先在加工场进行焊接连接。

（4）底板插筋校正。按在底板面层弹出的闸墩位置线，检查竖向预埋插筋位置是否满足要求，如钢筋位置有偏差，按标准要求做不大于 1∶6 弯折调整，并将钢筋调至顺直后

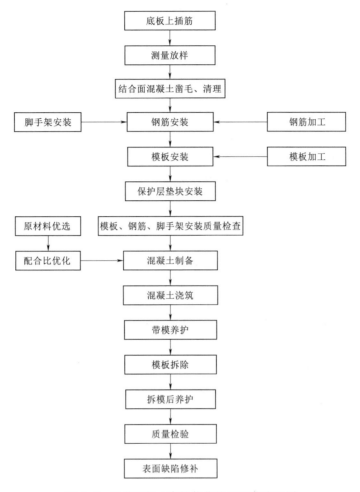

图 2.7 闸墩混凝土高性能化施工工艺流程图

进行绑扎；如钢筋偏位较大，可采取植筋等处理方案。植筋应采用无机锚固剂锚固。

（5）工艺试验。钢筋采用机械连接、焊接连接时，应进行工艺性试验。

（6）竖向钢筋安装。宜设置定位框，采用同等级且直径大一规格钢筋制作，固定于距闸墩上口 300mm～500mm 处，用于控制竖向钢筋间距及位置，可周转使用。

（7）分布筋安装。宜设置水平梯子筋。墙体钢筋绑扎铁丝扣不能一顺扣，应间隔采用正反"8"字扣；双向受力钢筋交叉点应全部绑扎，不应漏绑。

（8）检查验收。钢筋制作安装应符合《水工混凝土施工规范》（SL 677—2014）的规定，

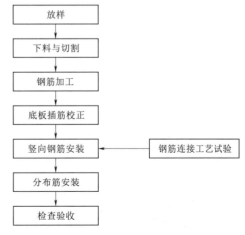

图 2.8 钢筋制作安装工艺流程

质量检验评定应符合《水利工程施工质量检验与评定规范》（DB32/T 2334—2013）等标准的规定。自检合格后报监理工程师检查验收。

2.5.2.5　模板设计与安装

1. 模板及其支撑系统设计

模板工程应按《水闸施工规范》（SL 27—2014）、《泵站施工规范》（SL 234—1999）、《水工混凝土施工规范》（SL 677—2014）等行业标准进行设计，模板及支架系统的强度、刚度和稳定性应满足施工要求；根据施工方案进行保温构造设计；当采用延缓混凝土凝结时间的外加剂时，宜采用现场测定的初凝时间计算模板侧压力。

模板工程应按照相关要求编制专项施工方案，专项施工方案中应包括模板及支架的类型、材料要求、相关设计计算书和施工图、安装与拆除技术措施、施工安全和应急措施、文明施工、环境保护等技术要求。

模板跨度 18m 及以上，施工总荷载 15kN/m² 及以上，集中线荷载 20kN/m² 及以上，高度大于支撑水平投影宽度且相对独立无联系构件的混凝土模板支撑工程，施工单位应编制模板安装专项方案，并组织专家对专项方案进行论证。

2. 模板材料

（1）不应使用吸水性较强的模板材料，模板板面应光洁、平整，胶合板模板四边应整齐，无边角损伤。

（2）模板的性能和质量应符合《碳素结构钢》（GB/T 700—2006）、《混凝土模板用胶合板》（GB/T 17656—2016）、《塑料模板》（JG/T 418—2013）、《铝合金模板》（JG/T 522—2017）或《混凝土模板用竹材胶合板》（LY/T 1574—2000）等的规定。

（3）木质胶合板厚度不宜小于 16mm，竹材胶合板厚度不宜小于 12mm。

（4）模板脱模剂不应污染混凝土，不应使用影响混凝土外观质量、胶凝材料水化的脱模剂。脱模剂的质量应符合《混凝土制品用脱模剂》（JC/T 949—2021）的规定。

（5）对拉螺杆直径应根据计算确定，但一般不宜小于 16mm；端头孔眼直径不宜小于 30mm，孔眼深度不宜小于 25mm。

3. 模板安装

（1）模板清理。模板表面无杂物、洁净；钢模板用钢丝刷、磨光机除锈、打磨、抛光，清理表面杂物，并均匀涂刷脱模剂；胶合板表面用铲刀等工具清理干净。

模板表面应平整，无突出或凹陷，不平整部位进行处理。模板四边无损伤，以确保模板之间拼接平整，无局部间隙。异形模板表面需用水泥掺 901 胶等材料批腻子打磨处理。

（2）采用定型钢模板时，相邻模板之间均用螺栓连接，接缝间夹海绵条或双面胶带止漏浆。

（3）圆弧形墙体模板安装可参考下述方法：水平围檩宜采用直径 20mm～22mm 的钢筋，弯制成所需的弧度。

（4）采用木质或竹材胶合板模板时，胶合板模板垂直于长边方向宜钉 4 根木方围檩（其中 2 根分别位于胶合板的 2 个短边，并与短边齐平，另 2 根平均分布于模板中间）。模板安装初步固定后，在胶合板木方围檩中间插入 48.3mm×3.5mm 钢管（用铁钉固定于模板上），再在木方围檩的内侧安装水平围檩。

（5）模板对拉螺杆拉杆纵向和横向间距不宜大于 60cm。模板接缝夹海绵条或双面胶带防止漏浆。

2.5.2.6 保护层垫块安装

（1）垫块应安装牢固，绑扎钢筋和垫块的钢丝丝头应向内设置，不应伸入混凝土保护层内。

（2）梁、柱等条形构件侧面和底面的垫块数量不宜少于 4 个/m²，墩、墙等面形构件的垫块数量不宜少于 2 个/m²。

（3）模板安装或钢筋安装应避免直接踩踏造成钢筋骨架变形，钢筋保护层垫块在模板安装前固定于钢筋上。

（4）底板上下面层钢筋宜采用钢管或直径不小于 20mm 的钢筋支撑，工作桥和公路桥面板上下层钢筋宜用马凳支撑。

2.5.2.7 模板、钢筋、脚手架安装质量检查

模板、钢筋和脚手架安装完成，施工单位按《水利工程施工质量检验与评定规范 第2 部分：建筑工程》（DB32/T 2334.2—2013）自检合格后，监理单位复检。对检查不符合要求的应进行处理，直至合格。

2.5.2.8 混凝土制备

1. 优选原材料

根据混凝土性能要求和工程所处环境条件，选择有利于降低混凝土用水量、水化热及其温升以及降低混凝土收缩的原材料。

2. 配合比优化设计

（1）目的。通过混凝土配合比优化，选用能够降低混凝土的单方用水量、水胶比的优质常规原材料；选择早期抗裂性能和收缩率较低的原材料与配合比；选择抗碳化性能和抗氯离子渗透性能等指标满足设计要求的配合比参数。

（2）方法。根据不同结构部位混凝土所处的环境条件、受力状况和混凝土类型合理选取配合比参数。混凝土配合比设计主要控制指标以及施工采取的技术措施见表 2.1。

表 2.1　　　　　不同结构部位高性能混凝土主要控制指标与技术措施

序号	结构部位	特点	配制要求	主要性能控制指标		技术措施
				拌和物	硬化混凝土	
1	灌注桩地连墙	采用混凝土顶升，依靠自重形成密实混凝土	流动性好、黏聚性好，具有自密实性，耐久性能满足要求	坍落度；扩展度；坍落度损失；凝聚性与保水性	强度；抗硫酸盐等化学侵蚀性能	控制水胶比和用水量；掺合料掺量大于 35%
2	底板消力池	体积大；水化热温升高；一次浇筑量大；浇筑时间长；耐久性能满足要求	工作性好、水化热低、抗裂性好	坍落度；坍落度损失；凝结时间；含气量；凝聚性与保水性	强度；抗渗等级；抗硫酸盐等化学侵蚀性能；温升；早期抗裂性能；收缩率	控制水胶比和用水量；掺合料掺量大于 35%，减少水泥用量，适当增加粉煤灰用量，减水剂减水率不小于 25%；控制入模温度

续表

序号	结构部位	特　点	配制要求	主要性能控制指标		技术措施
				拌和物	硬化混凝土	
3	闸墩站墩	体积较大；水化温升高；浇筑时间较长；表面散热面积大	工作性好、水化热低、抗裂性好、体积稳定性好，耐久性能满足要求	坍落度；坍落度损失；凝结时间；含气量；凝聚性与保水性	强度；耐久性能；密实性能；温升；早期抗裂性能；收缩率	控制水胶比和用水量；掺合料掺量大于35%，减水剂减水率不小于25%；掺入引气剂；掺入抗裂纤维；控制入模温度
4	翼墙排架胸墙	体积不大；水化温升稍高；薄壁结构；表面散热面积大	工作性好、水化热低、抗裂性好、体积稳定性好，耐久性能满足要求	坍落度；坍落度损失；凝结时间；含气量；凝聚性与保水性	强度；耐久性能；密实性能；电通量；早期抗裂性能；收缩率	控制水胶比和用水量；掺合料掺量大于30%，减水剂减水率不小于25%；掺入引气剂；掺入抗裂纤维
5	预制与现浇的构件	体积不大，梁钢筋密集	工作性好、水化热低、抗裂性好、体积稳定性好，耐久性能满足要求	坍落度；坍落度损失；凝结时间；含气量；凝聚性与保水性	强度；耐久性能；密实性能；早期抗裂性能；收缩率	控制水胶比和用水量；掺合料掺量大于30%，减水剂减水率不小于25%；掺入引气剂；掺入抗裂纤维

注　1. 主要性能控制指标除符合表列要求外，尚应结合工程特点及设计的特殊要求，增加控制指标。
　　2. 耐久性能指标包括：抗渗性能、抗冻性能、抗碳化性能、抗氯离子渗透性能、抗硫酸盐侵蚀性能、抗酸雨侵蚀性能等，根据设计要求和混凝土所处环境条件确定。
　　3. 密实性能指标以氯离子扩散系数、电通量等表征，根据设计要求和混凝土所处环境条件确定。

3. 混凝土生产

混凝土生产工艺流程见图 2.9。

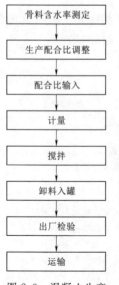

图 2.9　混凝土生产
工艺流程图

（1）骨料含水率测定。混凝土生产前，试验室应测定细骨料和粗骨料含水率。

（2）生产配合比调整。根据细骨料和粗骨料含水率测试结果，试验室调整施工配合比（即细骨料和粗骨料和拌和用水的称量）。

（3）配合比输入。根据试验室签发的《混凝土配合比通知单》，向操作台微机控制计算机中输入配合比。

（4）计量。原材料计量由微机控制系统执行，搅拌站微机控制系统及自动计量系统应定期检定和校正，经常检查其工作状态是否正常、称量误差是否在《预拌混凝土》（GB/T 14902—2012）允许值范围内。

（5）搅拌。混凝土应采用强制式搅拌设备，有条件的可采用振动搅拌设备。拌和时间应满足混凝土均质性要求，且宜比常规混凝土延长搅拌时间 5s 以上。掺入抗裂纤维、膨胀剂以及多种矿物掺合料的混凝土，应延长混凝土搅拌时间 10s 以上，以确保纤维、膨胀剂等材料均匀分散。

（6）卸料入罐。混凝土搅拌运输车装料前应冲洗搅拌筒，搅拌罐内应无积水或积浆并清除筒内积水后方可装料。通过观测孔观测混凝土状态，或通过搅拌机电流判断混凝土是否可以卸料入罐。

（7）出厂检验。检验混凝土的坍落度、含气量，并观测混凝土的和易性、凝聚性、保水性，混凝土不应有泌水、离析等现象。若混凝土性能有明显变化，应查明原因，采取相应措施后，再进行混凝土生产。

（8）运输。根据运输距离配置适当数量的混凝土运输车，运输过程中搅拌筒以 1r/min～3r/min 速度转动，罐车到达现场，应使搅拌筒以 8r/min～12r/min 快速转动，搅拌 20s 以上再卸料。

2.5.2.9 混凝土浇筑

混凝土浇筑工艺流程见图 2.10。

（1）设置缓降设施。入仓混凝土自由下落高度不宜大于 1.5m～2m；超过 2m 的，采取导管、溜管、溜槽等缓降措施。

（2）开仓前检查。混凝土浇筑前，应对模板、钢筋、保护层垫块、对拉螺杆拧紧情况等再次进行检查确认，对结合面进行清理、湿润处理，但结合面不应有积水，湿润工作宜提前 1d～2d 进行。

（3）交货检验。采用预拌混凝土的工程项目，到工混凝土交货检验时应核验送货单，核对混凝土强度等级、配合比，检查混凝土运输时间和混凝土拌和物外观，检测混凝土的坍落度、含气量等。

施工单位应专人负责现场混凝土交货验收，坍落度、含气量、入仓温度等符合要求方可泵送入仓，并按《水利工程预拌混凝土应用技术规范》（DB32/T 3261—2017）的规定形成交货检验记录。入仓混凝土拌和物总体要求黏聚性好、保水性好，无泌水、无离析、无板结等现象。入仓混凝土的坍落度 120mm～180mm。

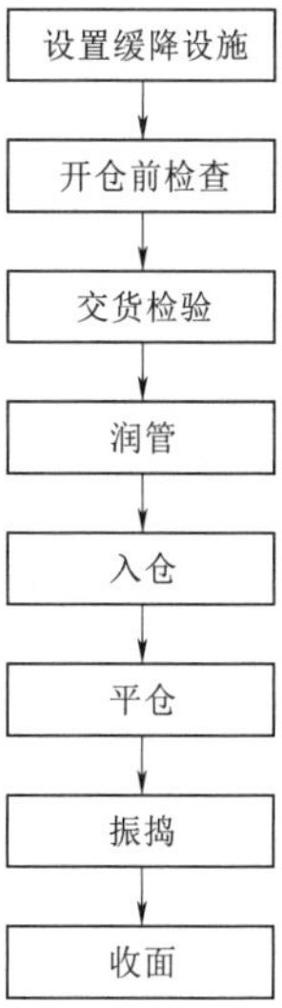

（4）润管。输送泵应先泵送与混凝土同强度等级的润管砂浆，润管砂浆不应泵入混凝土浇筑仓面；或采用施工配合比中粗骨料用量减少 40%～50% 的混凝土。

图 2.10　混凝土浇筑工艺流程图

（5）入仓。混凝土经溜管、溜槽入仓，避免直接冲击模板和钢筋。散落的混凝土不应用于结构中；混凝土入仓后，应观察均匀性与和易性，产生离析、粗骨料堆叠等异常情况应及时处理；仓内泌水应及时人工排除，但不应从模板上开孔排水。

混凝土应分层浇筑，当浇筑面积较大时，应从一端向另一端浇筑，分层交替进行。坯层厚度宜符合表 2.2 的规定。上下层浇筑间歇时间不超过混凝土初凝时间。上下层浇筑间歇时间较长，且下层混凝土不能重塑的，应按施工缝处理。在斜面上浇筑混凝土时，应从低处开始，并采取措施不使混凝土向低处流动。

混凝土浇筑过程中应保证均匀性、密实性和连续性，均匀布料、对称浇筑。应控制浇筑速度，混凝土浇筑速度不宜大于 0.6m/h。应安排专人检查模板、支架的稳固情况，注意是否出现跑模、胀模、漏浆等现象，及时发现并采取措施纠正。应及时清除黏附在模板、钢筋、止水片（带）和预埋件表面的砂浆。混凝土浇筑过程中不应向仓内加水。

墩、墙、柱、排架混凝土宜在一次作业中浇筑完成，结构突变、底板齿坎、水平止水片（带）的下部等部位混凝土浇筑宜设置静置、复振等措施，静置时间不宜少于 30min，等待混凝土初步沉实，继续浇筑混凝土前应进行二次振实。

表 2.2　　　　　　　　　　　　　　　混凝土浇筑坯层厚度

振 捣 方 式		坯层厚度/mm
插入式振动器		≤300
附着式振动器		≤300
表面振动器	无筋或配筋稀疏时	≤250
	配筋较密时	≤150

注　可根据结构和振动器型号等情况适当调整浇筑坯层厚度，最大不应超过 500mm。

（6）平仓。混凝土入仓后先平仓再振捣，每层混凝土应由人工平仓，不应采用振动器使混凝土在仓内流动或运送混凝土；局部有粗骨料堆集时，应将其均匀地分布于砂浆较多处，不应用砂浆覆盖。

（7）振捣。混凝土平仓后应立即进行振捣，采用直径 50mm 或 60mm 的插入式振动棒振捣，棒距 150mm～250mm；振捣时间以混凝土无显著下沉、表面泛浆、基本无大气泡逸出为准，防止欠振、漏振、过振。振捣时振动棒插入下层 50mm～100mm。振动棒不应直接接触模板、钢筋、预埋件和止水片（带），与模板距离 100mm～150mm。止水片（带）、钢筋密集等部位应仔细振捣，必要时辅以人工捣实。掺入引气剂的混凝土宜使用振频不高于 6000 次/min 的中低频振捣器，防止混凝土含气量降低。

（8）收面。当混凝土浇筑到构件顶面时应及时抹平、压实、收光、覆盖，终凝前抹面不宜少于 2 次，抹面前应刮去浮浆；不应通过洒水辅助抹面；顶面混凝土因沉降收缩、塑性收缩产生的裂缝或裂纹，应及时处理。

2.5.2.10　带模养护

混凝土浇筑完成后，底板、消力池、护坦、墩墙的顶面应立即在表面覆盖塑料薄膜，6h～18h 后或者在抹面完成后应进行保湿养护。

墩墙模板带模养护时间需考虑混凝土强度增长、表层混凝土良好孔隙结构形成等因素综合考虑确定，在混凝土浇筑完成后，应保证一定的带模养护时间。内河淡水区设计使用年限为 100 年的混凝土，养护时间不宜少于 14d；设计使用年限为 50 年的混凝土不宜少于 10d；沿海氯化物环境设计使用年限为 50 年及以上的混凝土不宜少于 14d。

在 5℃以上天气条件下施工期间宜在靠近模板 1m～1.5m 设置喷雾装置，梅花形布置，自混凝土开始浇筑直至养护结束采取喷雾养护。

带模养护期间宜松开模板补充养护水，遇气温骤降、大风天气，不应拆模。有温度控制要求的重要结构和关键部位，应根据温度监测数据确定保温养护期限。

2.5.2.11　模板拆除

模板的拆除顺序和方法，应按照模板设计的规定进行。设计未具体规定的，应遵循先支后拆、后支先拆、自上而下的次序进行。

模板拆除不应硬撬、硬砸，防止对构件棱角造成损伤。

2.5.2.12 拆模后养护

(1) 混凝土养护应符合《水工混凝土施工规范》(SL 677—2014)、《水闸施工规范》(SL 27—2014) 和《泵站施工规范》(SL 234—1999) 的规定。

(2) 侧模拆除后,宜采取包裹复合土工膜、外贴节水养护膜、喷涂养护剂、喷淋、洒水、喷雾等保湿养护措施,并能保持混凝土表面充分潮湿。

(3) 降温阶段应覆盖土工布、草帘等材料保温养护。养护应专人负责,并做好记录。

(4) 混凝土连续湿养护时间不应少于 21d,大掺量矿物掺合料混凝土不应少于 28d。

(5) 气温低于 5℃时,应按冬季施工技术措施进行保温养护,不应洒水养护。

2.5.2.13 质量检验

混凝土结束养护后,应进行混凝土外观质量检查,并形成检查记录;进行结构尺寸和混凝土强度检测。

2.5.2.14 质量缺陷处理

混凝土质量缺陷处理工艺流程见图 2.11。

(1) 缺陷检测与观测。对混凝土外观质量进行检查,发现的裂缝应进行观测。

(2) 原因分析。对检查发现的混凝土外观缺陷分析产生的原因。对混凝土裂缝应结合结构与构造设计、施工环境、原材料、配合比、浇筑、养护以及裂缝观测分析报告,分析裂缝成因,评估其对结构受力、使用功能和结构混凝土耐久性的影响。

(3) 处理方案制定与论证。参照《水利工程混凝土耐久性技术规范》(DB32/T 2333—2013)、《水利工程施工质量检验与评定规范 第 2 部分:建筑工程》(DB32/T 2334.2—2013)、《水工混凝土墩墙裂缝防治技术规程》(T/CSPSTC 110—2022) 的规定,编制处理方案,报监理单位审查。必要时,组织专家论证,并根据专家建议进一步修改完善缺陷处理方案。

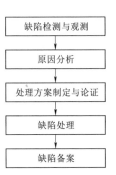

图 2.11 混凝土质量缺陷处理工艺流程

(4) 缺陷处理。根据缺陷处理方案进行缺陷处理,并对处理效果进行检验。

(5) 缺陷备案。缺陷处理结束施工单位组织验收,并形成缺陷备案表。

2.5.3 施工组织

高性能混凝土施工钢筋安装、模板制作、混凝土生产、运输与常规混凝土相同,混凝土浇筑与常规混凝土基本相同。混凝土浇筑施工 1 个班组人员安排见表 2.3。

表 2.3 混凝土浇筑施工 1 个班组人员安排

工 种	数 量	职 责
技术人员	1～2 人	现场技术管理
混凝土浇筑	6～10 人(根据需要调整)	混凝土浇筑、抹面等
木工值班人员	2 人	观察并处理模板和脚手架出现的问题
钢筋工值班人员	2 人	处理钢筋可能需要解决的问题
止水安装值班人员	1 人(根据需要)	处理可能的止水损坏

续表

工　种	数　量	职　责
电工	1人	解决施工用电可能出现的问题
机械修理工	1人	修理可能产生的设备机械故障
混凝土泵操作手	1~2人	
安全员	1人	

2.6　材料与设备

2.6.1　原材料

1. 原材料选择原则

实现混凝土高性能化应根据混凝土性能要求和所处环境条件，选择有利于减少混凝土用水量、降低水化热、提高体积稳定性的原材料。

2. 品质要求

（1）水泥。宜选择品质稳定的硅酸盐水泥或普通硅酸盐水泥，水泥强度等级不低于42.5级，且宜优先选用52.5级水泥；有温度控制要求的混凝土不宜使用早强水泥，比表面积不宜大于 $380m^2/kg$；标准稠度用水量不宜大于 28%，碱含量小于 0.6%，氯离子含量小于 0.06%；其他性能指标应符合《通用硅酸盐水泥》（GB 175—2023）、《高性能混凝土技术条件》（GB/T 41054—2021）和《水利工程预拌混凝土应用技术规范》（DB32/T 3261—2017）的规定。混凝土拌和时水泥温度不宜高于 $60℃$。

（2）粉煤灰。宜选择 F 类I级、II级粉煤灰，选用II级粉煤灰时烧失量不宜大于 5.0%。粉煤灰品质应符合《用于水泥和混凝土中的粉煤灰》（GB 1596—2017）的规定。不应使用脱硫灰、脱硝灰、浮油灰、原状灰和磨细灰。可通过观测颜色、手摸润滑性、显微观测、测试pH 值等手段快速鉴别粉煤灰的真假与质量。粉煤灰中氨含量检测按照《水泥、砂浆和混凝土用粉煤灰中可释放氨检测技术标准》（T/CECS 1032—2022）的规定执行。

（3）矿渣粉。选用符合《用于水泥和混凝土中的粒化高炉矿渣粉》（GB/T 18046—2017）中规定的 S95 级矿渣粉。有温度控制要求的混凝土中矿渣粉的比表面积不宜大于 $450m^2/kg$。

（4）细骨料。细骨料应选择质地坚硬密实、颗粒级配连续的天然河砂或机制砂；细骨料的质量宜符合《建设用砂》（GB/T 14684—2022）中Ⅰ类的规定，设计使用年限为50年及以下的混凝土可使用Ⅱ类细骨料；细骨料的质量还应符合《水工混凝土施工规范》（SL 677—2014）的规定，应用尚需符合下列规定：

1）宜使用细度模数为 2.5~3.0 的 2 区中砂，松散堆积空隙率不宜大于 42%，饱和面干吸水率不宜大于 2.0%。

2）机制砂不应使用风化的母岩制成；亚甲蓝值不宜大于 $1.0\ g/kg$；石粉含量按《建设用砂》（GB/T 14684—2022）检验时不宜大于 10%，石粉含量按《水工混凝土试验规程》（SL/T 352—2020）检验时不应大于 18%。

3）钢筋混凝土用细骨料的氯离子含量不应大于 0.02%。

4）未经专门论证不应使用具有碱活性的细骨料。

（5）粗骨料。粗骨料的质量宜符合《建设用卵石、碎石》（GB/T 14685—2022）中Ⅰ类的规定，设计使用年限为 50 年及以下的混凝土可使用Ⅱ类粗骨料；粗骨料的质量同时还应符合《水工混凝土施工规范》（SL 677—2014）的规定，应用尚需符合下列规定：

1）宜优先选用石灰岩制作的粗骨料；有温度控制要求的混凝土不宜使用石英岩、砂岩制作的粗骨料；未经专门论证不应使用碱活性骨料。

2）粗骨料松散堆积空隙率不宜大于 43%，表观密度不宜小于 2600kg/m³。可对粗骨料进行整形、二次筛分加工处理，降低粗骨料的空隙率，减少粗骨料中不规则颗粒含量，改善粗骨料的粒形。

3）采用连续两级配或连续多级配；单粒粒级石子宜采用 2 级配或 3 级配组合成满足要求的连续粒级；亦可与连续粒级混合使用。

4）粗骨料最大粒径宜符合表 2.4 的规定。

表 2.4　　　　　　　　　　　高性能混凝土中粗骨料最大公称粒径　　　　　　　单位：mm

序号	环境作用等级	环境类别	混凝土保护层厚度						
			25	30	35	40	45	50	≥55
1	Ⅰ-A、Ⅰ-B	一、二	20	25	25	31.5	31.5	31.5	40
2	Ⅰ-C、Ⅱ-C、Ⅱ-D、Ⅱ-E	二、三、四、五	16	20	25	25	25	25	25
3	Ⅲ-C、Ⅲ-D、Ⅲ-E、Ⅲ-F、Ⅳ-C、Ⅳ-D、Ⅳ-E、Ⅴ-C、Ⅴ-D、Ⅴ-E	三、四、五	16	16	20	20	25	25	25

注　1. 环境作用等级划分见《混凝土结构耐久性设计标准》（GB/T 50476—2019），环境类别划分见《水工混凝土结构设计规范》（NB/T 11011—2022）、《水工混凝土结构设计规范》（SL 191—2008）、《水利水电工程合理使用年限及耐久性设计规范》（SL 654—2014）。

　　2. 混凝土中掺入合成纤维时，粗骨料最大粒径不宜大于 25mm。

（6）水。混凝土拌和用水宜使用符合国家标准的饮用水；使用地表水、地下水和其他类型的水时，应对水质进行检验，检验结果应符合《水工混凝土施工规范》（SL 677—2014）的规定。

（7）外加剂。混凝土宜使用高性能减水剂、高效减水剂，性能指标应符合《混凝土外加剂》（GB 8076—2008）的规定，减水率不宜低于 25%，28d 收缩率比不宜大于 110%；有抗冻要求的混凝土应使用优质引气剂或引气减水剂；配制低收缩混凝土时，宜复合选用减水剂与减缩剂，或减缩型减水剂。

聚羧酸系高性能减水剂不应与萘系、氨基磺酸盐和三聚氰胺系高效减水剂混合使用；与其他品种外加剂同时使用时，宜分别掺加，且应检测外加剂之间是否具有相容性。

外加剂与胶凝材料之间应具有良好的相容性；引气剂或引气型减水剂应有良好的气泡稳定性。

（8）纤维。合成纤维宜选用聚丙烯腈抗裂纤维、聚丙烯纤维，品质应符合《水泥混凝土和砂浆用合成纤维》（GB/T 21120—2010）和《纤维混凝土应用技术规程》（JGJ/T 221—2010）的规定，且断裂强度不宜低于 500MPa，初始模量不宜低于 4500MPa，断裂伸长率不大于 30%，裂缝降低系数不应低于 70%。

2.6.2　混凝土

1. 拌和物性能

（1）混凝土坍落度满足设计要求，有良好的工作性能，不离析、不泌水，满足现场施工工艺要求。

（2）有抗冻要求的混凝土拌和物含气量宜符合表 2.5 的规定；没有抗冻要求但有抗裂要求的混凝土，拌和物含气量宜控制在 1.5%～3.0%；其他混凝土，为提高拌和物的工作性能，防止泌水、离析和板结，一般要求拌和物的含气量控制在 1.0%～2.0%。

表 2.5　　　　　　　　　　　　有抗冻要求的混凝土拌和物的含气量

粗骨料最大粒径/mm	拌和物含气量/%	
	抗冻等级≤F150	抗冻等级≥F200
16.0	5.0～7.0	6.0～8.0
20.0	4.5～6.5	5.5～7.5
25.0	4.0～6.0	5.0～7.0
31.5	3.5～5.5	4.5～6.5
40.0	3.0～5.0	4.0～6.0

注　混凝土水胶比不大于 0.40 时，拌和物的含气量可相应降低 1.0%。

2. 力学性能

混凝土力学性能应满足设计要求。

3. 耐久性能

（1）人工碳化深度。混凝土人工碳化深度应符合设计要求；未明确要求的，宜符合表 2.6 的规定；长期处于水下或土中的混凝土抗碳化性能可不作要求。

表 2.6　　　　　　　　　　　　混凝土抗碳化性能指标

设计使用年限/年	抗碳化性能等级	快速碳化 28d 碳化深度/mm
50	T-Ⅲ	≤15
100	T-Ⅳ	≤10

（2）抗氯离子渗透性能。氯化物环境采用氯离子扩散系数或电通量评价混凝土抗氯离子渗透性能时，氯离子扩散系数或电通量应符合设计要求；未明确要求的，宜符合《混凝土结构耐久性设计标准》（GB/T 50476—2019）、《水利水电工程合理使用年限及耐久性设计规范》（SL 654—2014）等标准的要求，或符合表 2.7 的规定；长期处于水下、土中的混凝土氯离子扩散系数或电通量可不作要求。

表 2.7　　　　　　　　　　　混凝土氯离子扩散系数或电通量控制指标

设计使用年限/年	50			100		
环境作用等级	Ⅲ-D/Ⅳ-D	Ⅲ-E/Ⅳ-E	Ⅲ-F	Ⅲ-D/Ⅳ-D	Ⅲ-E/Ⅳ-E	Ⅲ-F
84d 龄期氯离子扩散系数/（×10^{-12} m^2/s）	≤5.0	≤4.5	≤3.5	≤4.5	≤3.5	≤2.5
56d 龄期电通量/C	≤1500	≤1200	≤1000	≤1200	≤1000	≤800

注　氯离子扩散系数、电通量控制指标应至少满足一项。

（3）抗渗等级。不宜小于 W12。

（4）抗冻等级。应满足设计要求，且不宜低于 F100。

（5）早期抗裂性能。混凝土刀口抗裂试验单位面积上的总开裂面积不宜大于 $400\mathrm{mm}^2/\mathrm{m}^2$。

（6）收缩率。非接触法 72h 收缩率不宜大于 300×10^{-6}。

4. 密实性能

混凝土密实性能以氯离子扩散系数和电通量来表征和评价。氯化物环境下的混凝土密实性能控制指标应按照设计要求，设计未规定的宜符合表 2.7 的要求；内河淡水区混凝土密实性能控制指标宜满足表 2.8 的规定。

表 2.8　　　　　　　　　内河淡水区混凝土密实性能控制指标

设计使用年限/年	50		100	
环境作用等级	Ⅰ-B	Ⅰ-C	Ⅰ-B	Ⅰ-C
84d 龄期氯离子扩散系数/（$\times10^{-12}\mathrm{m}^2/\mathrm{s}$）	≤5.5	≤5.0	≤5.0	≤4.5
56d 龄期电通量/C	≤1500	≤1200	≤1200	≤1000

注　氯离子扩散系数、电通量控制指标应至少满足一项。

5. 有害物质含量控制

（1）混凝土碱含量。混凝土中最大碱含量不应大于表 2.9 的规定。

表 2.9　　　　　　　　　　混凝土中最大碱含量

环境作用等级	最大碱含量/（kg/m³）		
	100 年	50 年	30 年
Ⅰ-A、Ⅰ-B、Ⅰ-C、Ⅱ-C、Ⅱ-D、Ⅱ-E、Ⅲ-C、Ⅳ-C、Ⅴ-C	3.0	3.0	3.5
Ⅲ-D、Ⅲ-E、Ⅲ-F、Ⅳ-D、Ⅳ-E、Ⅴ-D、Ⅴ-E	2.5	2.5	3.5

（2）混凝土中水溶性氯离子含量。混凝土拌和物中水溶性氯离子最大含量应不大于表 2.10 的规定。

表 2.10　　　　　　　　混凝土拌和物中水溶性氯离子最大含量

环境作用等级	水溶性氯离子最大含量/%		
	钢筋混凝土		预应力混凝土
	100 年	50 年	
Ⅰ-A	0.06	0.3	0.06
Ⅰ-B、Ⅰ-C、Ⅱ-C	0.06	0.2	0.06
Ⅱ-D、Ⅲ-C、Ⅲ-D、Ⅳ-C、Ⅳ-D、Ⅴ-C、Ⅴ-D	0.06	0.1	0.06
Ⅲ-E、Ⅲ-F、Ⅳ-E、Ⅴ-E	0.06	0.06	0.06

注　氯离子含量为混凝土中氯离子与胶凝材料的质量比。

（3）混凝土中三氧化硫最大含量应不大于胶凝材料总量的 4.0%。

（4）骨料应进行碱活性检验，具有碱活性的骨料不宜使用，否则应进行碱活性抑制试验，保证混凝土在服役期间不发生碱骨料反应。

（5）严禁使用钢渣、黄铁矿、风化石等制作的骨料。

6. 配合比参数

（1）C30～C50 混凝土配制参数及拌和物性能控制指标建议值，见表 2.11。

表 2.11　　　　　　　　混凝土配合比配制参数与拌和物性能控制指标

部位	强度等级	配合比参数控制范围						拌和物性能		
		胶凝材料用量 /(kg/m³)	矿物掺合料掺量 /%	粉煤灰与矿渣粉质量比	用水量 /(kg/m³)	砂率 /%	水胶比	含气量 /%	坍落度 /mm	工作性能要求
灌注桩	C30	350～370	25～45	0.5～1.5	<175	40～44	0.45～0.50	1.0～2.0	180～220	总体要求黏聚性好、保水性好，无泌水、无板结等现象
	C35	380～410	30～55		<170		0.40～0.45	1.0～2.0		
	C40	400～430	35～55		<160		0.36～0.40	1.0～2.0		
底板	C30	340～360	25～45	0.5～1.5	<160	36～42	0.42～0.45	1.5～3.0	140～180	
	C35	360～390	30～55		<150		0.38～0.42			
	C40	380～420	35～55		<140		0.35～0.40			
排架工作桥闸墩胸墙	C30	350～370	25～45	0.5～1.5	<150	36～42	0.40～0.42	3.0～4.0	140～180	
	C35	370～390	30～50		<150		0.38～0.40			
	C40	380～420	35～55		<145		0.36～0.38			
	C45	390～430	35～55		<140		0.35～0.38			
	C50	410～450	35～55		<140		0.33～0.36			

注　1. 混凝土宜优先选用 52.5 级水泥，C40、C45、C50 混凝土宜优先选用 P·Ⅱ52.5 水泥。

　　2. 矿物掺合料用量应根据水泥质量合理选择，一般为：P·Ⅰ52.5＞P·Ⅱ52.5＞P·O52.5＞P·O42.5。

　　3. 胶凝材料指水泥、粉煤灰、矿渣粉等掺量之和；机制砂中粒径小于 $75\mu m$、含量超出 5% 的石粉可计入胶凝材料。

　　4. 酸雨侵蚀环境 C30～C40 混凝土，排架、工作桥、闸墩、胸墙的用水量在表列基础上，还宜再降低 $10kg/m^3$。

　　5. 机制砂混凝土用水量可在表列基础上增加 $5kg/m^3$～$10kg/m^3$。

7. 现场混凝土

（1）自然碳化深度。宜符合表 2.12 建议的控制指标，混凝土自然碳化时间为自混凝土拆模后停止湿养护时开始计算。

表 2.12　　　　　　　　现场混凝土自然碳化深度控制指标

设计使用年限 /年	自然碳化深度/mm				
	28d	90d	150d	240d	365d
100	≤1.2	≤2.0	≤2.7	≤3.6	≤4.5
50	≤1.8	≤3.0	≤4.0	≤5.2	≤6.5

注　本表按保护层厚度为 45mm 推算。

（2）表面混凝土透气性能质量等级。

1）原理。气体在压力作用下能够渗入混凝土微细孔中，透气性被视为与混凝土内部孔隙结构密切相关。采用气体渗透性测试仪检测混凝土空气渗透系数。测试原理为将双室真空腔表面罩附着于待测试的混凝土表面，通过真空泵抽气，产生一股经构件表面进入混凝土内后通向表面罩内室的气流，当气流达到稳态之后，测量内室气压增量随时间的关系，即可计算出混凝土空气渗透系数。Torrent 方法计算空气渗透系数的表达式为

$$k_T = \left(\frac{V_c}{A}\right)^2 \frac{\eta}{2\varepsilon P_a}\left[\frac{\ln\left(\frac{P_a+\Delta P}{P_a-\Delta P}\right)}{\sqrt{t}-\sqrt{t_0}}\right]^2 \qquad (2.1)$$

式中：k_T 为混凝土空气透气系数，m^2；A 为真空腔室横截面积，m^2；V_c 为真空腔室容积，m^3；P_a 为大气压，在 20℃时取 101.325kPa；η 为空气动力黏滞系数，取 2.0×10^{-5}Pa·s；ε 为混凝土孔隙率，取 0.015；ΔP 为真空腔室内气压增量，Pa；t_0 为试验中读数起始时间，取 60s；t 为试验中读数终止时间，取 660s。

2）现场混凝土空气渗透系数测试方法详见中国科技产业化促进会团体标准《表层混凝土低渗透高密实化施工技术规程》（T/CSPSTC 111—2022）。

3）采用空气渗透系数表征现场表层混凝土抗空气渗透性能时，宜根据表 2.13 确定混凝土的抗空气渗透性能等级，评价表层混凝土质量。根据表 2.13，混凝土表面质量宜达到中等、好和很好等级。

表 2.13　　　　　　　　　混凝土表面质量等级与空气渗透系数指标

空气渗透系数 /$(\times10^{-16} m^2)$	表面质量	等级	空气渗透系数 /$(\times10^{-16} m^2)$	表面质量	等级
$\geqslant10$	很差	5	$0.01\sim0.10$	好	2
$1.0\sim10.0$	差	4	$\leqslant0.01$	很好	1
$0.1\sim1.0$	中等	3	—	—	—

（3）空气渗透系数控制指标，宜符合表 2.14 的建议。

表 2.14　　　　　　　　　现场混凝土空气渗透系数控制指标

设计使用 年限/年	环　境　条　件		环境作用等级	空气渗透系数 /$(\times10^{-16} m^2)$
100	碳化环境水位变化区，氯化物环境轻度盐雾作用区		Ⅰ-B、Ⅲ-D、Ⅳ-D、Ⅴ-D	$\leqslant0.90$
	碳化环境水上大气区，氯化物环境浪溅区和重度盐雾作用区		Ⅰ-C、Ⅲ-E、Ⅲ-F、 Ⅳ-E、Ⅴ-E	$\leqslant0.70$
50	碳化环境水位变化区，氯化物环境轻度盐雾作用区		Ⅰ-B、Ⅲ-D、Ⅳ-D、Ⅴ-D	$\leqslant1.00$
	碳化环境水上大气区，氯化物环境浪溅区和重度盐雾作用区		Ⅰ-C、Ⅲ-E、Ⅲ-F、 Ⅳ-E、Ⅴ-E	$\leqslant0.90$

2.6.3　模板

（1）模板材料的技术指标应符合下列规定：

1）钢模板采用 Q235 钢材，质量应符合《碳素结构钢》（GB/T 700—2006）的规定。

2）木质胶合板最小厚度不宜小于 16mm，质量应符合《混凝土模板用胶合板》（GB/T 17656—2018）的规定。

3）竹材胶合板最小厚度不宜小于 12mm，质量应符合《混凝土模板用竹材胶合

板》（LY/T 1574—2000）的规定。

（2）为提高墩墙外露面外观质量，宜优先选用新购置的模板。模板的板面应光洁、平整，胶合板模板的面层不应脱胶翘角；边、角无损坏，能够保证拼缝严密、不漏浆。

（3）模板安装前应进行检查验收，不符合要求的不应使用；重复使用的模板应按规定拆除、堆放，防止模板损伤、污染，或因暴晒、雨淋发生变形；对已损伤、变形和污染的模板，再次使用前应进行调整、清污、保养。

（4）接触混凝土的模板表面应平整，并应具有良好的耐磨性和硬度；清水混凝土模板的面板材料应能保证脱模后所需的饰面效果。

（5）模板面板背楞的截面高度宜统一。模板制作与安装时，面板拼缝应严密。

2.6.4　设备

（1）钢筋加工与安装设备。弯曲机、专用钢筋切断机、拉伸机、钢筋调直机、钢筋直螺纹剥肋滚丝机、闪光电焊机、埋弧电焊机、电渣压力焊机、吊车等。

（2）模板制作与安装设备。

（3）混凝土浇筑设备。混凝土强制搅拌机、运输（罐）车、混凝土输送泵、串筒、振动棒。

（4）模板拆装设备。手拉葫芦，

（5）养护设备。水管、水桶、喷雾养护设备、水泵。

2.7　质量控制

2.7.1　执行的标准

水工混凝土高性能化施工遵循的标准，包括材料标准、施工规范、验收评定规范等，详见表 2.15。

表 2.15　　　　　　水工混凝土高性能化施工遵循的标准

序号	类别	标　准　名　称
1	材料标准	《通用硅酸盐水泥》（GB 175—2023）
2		《用于水泥和混凝土中的粉煤灰》（GB/T 1596—2017）
3		《建设用砂》（GB/T 14684—2022）
4		《建设用卵石、碎石》（GB/T 14685—2022）
5		《高性能混凝土用骨料》（JGJ/T 568—2019）
6		《用于水泥、砂浆和混凝土中的粒化高炉矿渣粉》（GB/T 18046—2017）
7		《混凝土外加剂》（GB 8076—2008）
8		《混凝土膨胀剂》（GB 23439—2017）
9		《混凝土外加剂应用技术规范》（GB 50119—2013）
10		《混凝土用水标准》（JGJ 63—2006）
11	设计规范	《混凝土结构耐久性设计标准》（GB/T 50476—2019）
12		《高性能混凝土技术条件》（GB/T 41054—2021）
13		《预防混凝土碱骨料反应技术规范》（GB/T 50733—2011）
14		《水利水电工程合理使用年限及耐久性设计规范》（SL 654—2014）
15		《水利工程混凝土耐久性技术规范》（DB32/T 2333—2013）

续表

序号	类别	标 准 名 称
16	试验规程	《水工混凝土试验规程》(SL/T 352—2020)
17		《普通混凝土长期性能和耐久性能试验方法标准》(GB/T 50082—2008)
18	施工规范	《水闸施工规范》(SL 27—2014)
19		《水工混凝土施工规范》(SL 677—2014)
20		《水利水电工程施工质量通病防治导则》(SL/Z 690—2013)
21		《大体积混凝土施工标准》(GB 50496—2018)
22		《施工脚手架通用规范》(GB 55023—2022)
23		《建筑施工承插型盘扣式钢管支架安全技术规程》(JGJ/T 231—2021)
24		《建筑施工扣件式钢管脚手架安全技术规范》(JGJ 130—2011)
25		《建筑施工碗扣式钢管脚手架安全技术规范》(JGJ 166—2016)
26		《水工混凝土墩墙裂缝防治技术规程》(T/CSPSTC 110—2022)
27		《水利工程预拌混凝土应用技术规范》(DB32/T 3261—2017)
28		《建筑施工脚手架安全技术统一标准》(GB 51210—2016)
29	验收评定规范	《水利水电工程施工质量检验与评定规程》(SL 176—2007)
30		《水利水电工程施工质量验收评定标准》(SL 631—2012)
31		《水利水电工程单元工程施工质量验收评定标准—混凝土工程》(SL 632—2012)
32		《水利工程施工质量检验与评定规范》(DB32/T 2334—2013)

2.7.2 关键工序质量控制要求

（1）现浇混凝土底板、闸墩、站墩、翼墙、流道、廊道、排架、胸墙、闸门槽、工作桥大梁的施工工序，分为基面或施工缝处理、模板安装、钢筋制作与安装、止水片（带）及伸缩缝制作与安装、混凝土浇筑、外形尺寸、外观质量等 7 个工序，其中钢筋制作与安装、外形尺寸 2 个工序为主要工序，工序质量应符合《水利工程施工质量检验与评定规范 第 2 部分：建筑工程》(DB32/T 2334.2—2013) 的规定，采用水利部标准时应符合《水利水电工程单元工程施工质量验收评定标准—混凝土工程》(SL 632—2012) 的规定。

（2）混凝土保护层厚度控制应符合设计要求，负偏差为 0，正偏差不应大于 10mm，且不应大于 1/4 保护层设计厚度。

（3）混凝土应采用串管等入仓，入仓高度不宜大于 1.5m。

（4）混凝土原材料质量应符合要求，混凝土用水量、水胶比应符合表 2.11 和经批准的施工配合比要求。

（5）混凝土分层浇筑厚度宜为 300mm～500mm。

（6）混凝土带模养护时间应符合要求。

（7）拆模后还宜覆盖节水养护膜、喷涂养护剂、覆盖复合土工膜等材料保湿养护，或现场喷雾养护。

2.7.3 技术措施与方法

（1）施工单位应根据设计和有关标准的规定，制定高性能混凝土施工方案，并履行有关的批准手续。

（2）有温控要求的混凝土，应根据工程环境特点、结构特点制定混凝土温控方案，必要时组织温控方案论证。

（3）施工前应对原材料进行检验，并有合格签证记录。对施工程序、工艺流程、检测手段进行检查。查验钢筋、水泥、细骨料、粗骨料等材料的来源是否与批复的相同，是否符合设计及规范要求。

（4）施工过程中对混凝土拌和、运输、入模、振捣、养生、温度监控等进行全过程检查。

（5）混凝土施工宜对试验室配合比进行工艺性试浇筑和首件认可检查。

（6）模板和钢筋制作安装方案应经监理机构审查批准。对钢筋制作安装、模板制作安装、混凝土浇筑等施工人员进行培训，并保持相对固定；新进工人上岗前应先培训再上岗，保证施工作业的正确性。

（7）混凝土生产应符合《预拌混凝土》（GB/T 14902—2012）、《混凝土生产控制标准》（GB 50164—2011）和《预拌混凝土绿色生产及管理技术规程》（JGJ/T 328—2014）的规定。

（8）施工单位应检查原材料备料情况，原材料质量应符合产品标准和合同约定，并与配合比试验用原材料基本一致。重要结构和关键部位混凝土浇筑前，水泥、粗骨料、细骨料等原材料宜专库、专仓使用，骨料宜仓储。制备过程中，施工单位应驻厂检查原材料、配合比、计量、拌和物质量等。

（9）混凝土浇筑前应储备足够的原材料，以保证混凝土连续生产。水泥进场后宜有 7d 以上的储存期，混凝土生产时水泥的温度不宜高于 60℃，避免因水泥温度过高与减水剂适应性变差，用水量增加，混凝土坍落度损失加快。

（10）原材料计量、搅拌、运输应符合《预拌混凝土》（GB/T 14902—2012）和《水工混凝土施工规范》（SL 677—2014）的规定。

（11）控制混凝土浇筑速度和坯层厚度，结构断面突变以及混凝土到达水平止水片（带）下部、顶层钢筋的下部，宜静停 1h 以上，等待混凝土初步沉实后，进行二次振实再继续浇筑混凝土。

（12）为防止混凝土输送泵在泵送过程中出现故障导致结构混凝土出现施工冷缝，应根据混凝土初凝时间、浇筑气温、混凝土量、运输距离等，确定现场是否需配置 2 台输送泵，或制定相应的预案。

（13）温度监控。

1）有温度控制要求的大体积混凝土施工前，宜开展混凝土内部温度、温度应力有限元计算分析，参照《大体积混凝土施工标准》（GB 50496—2018）、《水工混凝土施工规范》（SL 677—2014）以及《水工混凝土墩墙裂缝防治技术规程》（T/CSPSTC 110—2022）的规定制定混凝土浇筑、养护、温控和温度监测方案。

2）在合理选用原材料和配合比优化基础上，有温度控制要求的混凝土，可采取适当调整分缝尺寸、减少分布筋间距、在温度收缩应力较大部位增设构造钢筋、掺入抗裂纤维等措施，并与降低混凝土入仓温度、水管冷却、埋入块石、砌筑心墙等措施结合使用，采取综合技术措施避免混凝土产生有害温度裂缝。墩墙结构宜在根部设置超缓凝低弹模过渡层混凝土减轻底板对墩墙的约束，减少温度应力，降低开裂风险，避免产生有害裂缝，施工工法见第 5 章。

3）高温季节混凝土浇筑前，应在仓面搭设遮阳棚，防止阳光直射混凝土。混凝土入仓前，模板、钢筋的温度以及附近的局部气温不宜超过 35℃；新浇混凝土与接触的模板、邻接的已硬化混凝土或岩土介质之间的温差不宜大于 15℃。

4）需要降低水化热温升 8℃～15℃时，可选用水管冷却方法。在混凝土内部设置冷却水管通水降温时，进出口水的温差不宜大于 10℃，且水温与内部混凝土的温差不宜大于 20℃。闸墩、站墩的中下部冷却水管宜加密，不宜大于 50cm～60cm。

5）浇筑宜避开大风、雨雪、寒流、高温。高温季节浇筑底板和墩墙等大体积混凝土时，宜安排在早、晚或夜间气温较低时段。混凝土拆模后，若天气气温产生骤然变化时，应采取适当的保温措施，包括推迟拆模时间，防止混凝土产生过大的温差应力。

6）施工过程中宜采用无线测温仪自动监测环境温度、模板温度、结构表面与中心温度；采用人工监测时，混凝土开始浇筑至第 7d 每工作班不宜少于 2 次，第 8d～14d 每工作班不宜少于 1 次，第 15d 至测温结束每日不宜少于 1 次。

7）根据温度监测结果，及时调整温度控制技术措施。

2.7.4 质量控制标准

1. 钢筋加工与安装

闸墩竖向钢筋在底板上预埋前，应绘制安装大样图，保证插筋的位置、数量、间距符合图纸的要求，钢筋外露长度以方便施工为宜（一般为 3m～5m），闸墩内竖向钢筋的接头长度区段内同一截面上接头面积不应大于 50%。

钢筋切断、弯折、丝头加工、焊接等施工作业宜在工地现场钢筋加工场内进行，由经考核合格的工人用专门设备完成。

受力主钢筋制作和末端弯钩形状、箍筋弯钩长度、丝头加工、钢筋焊接等应符合《水工混凝土施工规范》（SL 677—2014）等规定。

钢筋安装质量检验评定应符合《水利工程施工质量检验与评定规范》（DB32/T 2334—2013）的规定，允许偏差见表 2.16。

表 2.16　　　　　　　　　　　　钢筋加工及安装允许偏差

项次	检 验 项 目	允 许 偏 差
1	受力钢筋长度	±10mm
2	箍筋各部位长度	±5mm
3	钢筋安装位置（长度方向）	±50%设计保护层厚度
4	钢筋弯起点位置	±20mm
5	同排箍筋、构造筋间距	±10%设计间距
6	同排受力钢筋间距	柱、梁：±0.5d（d 为钢筋直径）； 板、墙：±0.1 倍设计间距
7	双排钢筋排间距	±10%设计排距
8	钢筋保护层厚度	0～10mm，且不大于 1/4 设计钢筋保护层厚度
9	钢筋保护层垫块质量	符合设计和规范要求

2. 模板制作安装

模板制作安装质量应符合《水工混凝土施工规范》（SL 677—2014）等规定，模板安装质量检验应符合《水利工程施工质量检验与评定规范》（DB32/T 2334—2013）的规定（表 2.17）。

表 2.17　　　　　　　　　模 板 安 装 允 许 偏 差

项次	检 验 项 目		质量要求（允许偏差）
1	稳定性、刚度和强度		符合模板设计要求
2	脱模剂涂刷		脱模剂质量符合要求，涂刷均匀，无明显色差
3	模板表面		表面光洁，无污物
4	对拉螺杆安装		逐个检查全部上紧，无滑丝现象，根部 3 排宜采用双螺母
5	承重模板底面高程		0～5mm
6	截面尺寸	底板长度、宽度	±5mm
		底板对角线	±10mm
		柱梁、墩墙、流（廊）道的长度、宽度	−5mm～+4mm
7	轴线位置	底板、梁、板	10mm
		墩墙、柱、流（廊）道	5mm
8	垂直度	墩墙	高度≤5m：6mm；高度>5m：8mm
		门槽	<0.1%H（H 为门槽高度），且<5mm
9	错台	外露表面	2mm
		隐蔽内面	5mm
10	平整度	外露表面	胶合板模板：3mm；钢模板：2mm
		隐蔽内面	5mm
11	板面缝隙		2mm（用双面胶带或夹海绵条处理）
12	预留孔洞	中心线位置	5mm
		截面尺寸	0～10mm
13	搁置装配式构件的支承面高程		−5mm～+2mm

3. 保护层厚度控制

（1）钢筋的混凝土保护层厚度应不小于设计值，负偏差为 0，正偏差不大于 10mm。宜使用定型生产的钢筋保护层混凝土垫块，垫块的强度、密实性能和耐久性能应高于结构本体。

（2）垫块的尺寸和形状应满足保护层厚度和定位要求，垫块厚度偏差 0～+2mm。

4. 温度控制

（1）混凝土入仓温度应符合设计要求，或符合监理工程师批准的施工方案；设计未规定的，入仓温度不宜大于 28℃。夏天宜对骨料进行遮阳，骨料的温度不宜高于 30℃，拌和水的温度不宜高于 20℃。

（2）混凝土内部最高温度不宜大于 65℃，且温升值不宜大于 50℃。混凝土内部温度与表面温度之差不宜大于 25℃，表面温度与环境温度之差不宜大于 20℃，混凝土表面温度与养护水温度之差不宜大于 15℃。混凝土内部温度降温速率不宜大于 2℃/d～3℃/d。

5. 现场混凝土质量

现场混凝土质量应符合表 2.18 的要求。

表 2.18   现场混凝土质量评定表

项次	检验项目		质量要求（允许偏差）	检查方法和频率
1	混凝土强度		在合格标准内	按《水利工程施工质量检验评定规范》（DB32/T 2334—2013）的规定检查与评定
2	墩墙	轴线	10mm	用经纬仪测量纵、横轴线各 2 点
3		长度	±20mm	检查 3 个断面
4		厚度	±10mm	检查 3 个断面
5		垂直度	$0.25\%H$（H 为高度），且≤15mm	用红外线、经纬仪或垂线检查 3 个断面
6		顶面高程	±20mm	用水准仪测量 3 处
7		平整度	3mm	用 2m 直尺检查垂直、水平方向每构件测 4 点
8		闸门槽垂直度	$0.1\%H$（H 为高度），且≤10mm	用红外线、经纬仪或垂线检查
9		闸门槽轴线	5mm	用经纬仪测量纵、横轴线各 2 点
10	底板	轴线	15mm	用经纬仪测量纵、横轴线各 2 点
11		长度	±20mm	检测 2 点
12		宽度	±20mm	检测 2 点
13		顶面高程	±10mm	用水准仪测量 4 点
14		平整度	5mm	用 2m 直尺检测 4 点
15	排架、梁板柱、流道（廊道）、护坡、护坦、护底等外形尺寸质量控制见《水利工程施工质量检验与评定规范 第 2 部位：建筑工程》（DB32/T 2334.2—2013）			

2.7.5 质量检验

1. 检验项目

高性能混凝土质量检验项目见表 2.19。

表 2.19   高性能混凝土质量检验项目

类别	检验项目	
	必检项目	选择性项目
混凝土拌和物	坍落度、含气量（有设计要求的）、温度（有设计要求的）	扩散度、匀质性、坍落度损失、凝结时间、氯离子含量、碱含量、SO_3 含量
硬化混凝土	强度、碳化深度、抗渗性能、抗冻性能、氯离子扩散系数或电通量、密实性能	抗裂性能、早期收缩率、气泡间距系数、抗硫酸盐侵蚀性能
现场混凝土	自然碳化深度、强度	空气渗透系数、气泡间距系数、抗冻性能、抗渗性能、人工碳化深度

2. 混凝土拌和物性能

（1）预拌混凝土到达施工现场后，应逐车目测混凝土工作性能。

（2）现场自拌混凝土应逐盘目测混凝土工作性能。

（3）混凝土拌和物坍落度、含气量和有温控要求时入仓温度的检测频率，每 4h 不宜少于 1 次。

3. 试件强度与耐久性能

（1）试件制作。工程施工过程中，应制作混凝土试件，对混凝土强度、设计要求的耐久性能检验项目进行检验。试件制作和养护应符合《水工混凝土试验规程》（SL/T 352—2020）的规定。

（2）混凝土抗压强度试件组数。每拌制 100 盘，但不超过 100m³ 的同配合比混凝土，取样不少于 1 组；每 1 工作班拌制的同配合比混凝土，不足 100 盘或 100m³ 时，取样不少于 1 组；当 1 次连续浇筑的同配合比混凝土超过 1000m³ 时，每 200m³ 取样不少于 1 组。

（3）混凝土耐久性能检验。同一单位工程，具有相同设计强度等级的构件，设计要求的各个耐久性能检验项目，每 3000m³ 混凝土为 1 批次，不足 3000m³ 的以 1 批次计，每批次抽检不少于 1 组。

（4）试验方法。混凝土抗冻性能、抗渗性能、碳化深度、氯离子扩散系数、电通量、早期收缩率、早期抗裂性能等试验参数，按《普通混凝土长期性能和耐久性能试验方法标准》（GB/T 50082—2008）或《水工混凝土试验规程》（SL/T 352—2020）的规定进行试验。

4. 现场混凝土质量

（1）现场混凝土质量检验宜以分部工程为单位，检验项目包括强度、耐久性能、保护层厚度、外观缺陷等，可由施工单位自行检验，也可委托具有相应资质的检测机构进行检验。

（2）现场混凝土质量检验应符合下列规定：

1）强度检测依据《水工混凝土试验规程》（SL/T 352—2020）、《回弹法检测混凝土抗压强度技术规程》（JGJ/T 23—2011），采用回弹法、钻芯法等方法检测。

2）现场随机钻取芯样，按《水工混凝土试验规程》（SL/T 352—2020）切割加工芯样试件，检验混凝土的碳化深度、抗冻性能、氯离子扩散系数、电通量等耐久性能。

现场混凝土耐久性能检验等效养护龄期应符合设计要求。设计未规定的，电通量、氯离子扩散系数按 56d 设计时，等效养护龄期为达到 （1200±40）℃·d 时所对应的龄期；氯离子扩散系数按 28d、84d 设计时，等效养护龄期分别为达到 （600±40）℃·d、（1800±40）℃·d 时所对应的龄期；混凝土碳化深度和抗冻性能试验等效养护龄期宜为 （600±40）℃·d 时所对应的龄期，且不少于 14d。不计入日平均温度在 0℃ 及以下的龄期，日平均温度无实测数据时，可采用当地天气预报的最高、最低气温的平均值。

3）墩、墙、梁、柱、板等结构混凝土自然碳化深度依据《水工混凝土试验规程》（SL/T 352—2020）或《回弹法检测混凝土抗压强度技术规程》（JGJ/T 23—2011）进行检测，每批次浇筑的构件测点数量不宜少于 10 个，测点间距不宜小于 1m。

4）保护层厚度检测宜采用非破损方法，必要时采用局部破损方法进行校验。保护层厚度不大于 60mm 的可采用电磁感应技术，大于 60mm 的可采用雷达探测技术，具体测试方法参照《混凝土中钢筋检测技术规程》（JGJ/T 152—2008）的规定。抽检数量为构件总数量的 20%～30% 且不少于 5 个，受检构件应选择最外侧受力主筋进行保护层厚度无损检测，每根构件不少于 10 个测点。

5）混凝土构件的外观检测，包括结构尺寸、蜂窝、麻面、气孔面积与深度、表面平整度、错台、裂缝、渗水窨潮、烂根等，记录缺陷尺寸、部位，裂缝还应定期观测宽度、长度变化情况。蜂窝、孔洞、夹渣、裂缝等结构内部缺陷可采用超声法、雷达法、钻芯法检测缺陷的范围、深度等。

6）混凝土氯离子含量参照《混凝土中氯离子含量检测技术规程》（JGJ/T 322—2013）的规定进行检验，也可现场钻取芯样按《水工混凝土试验规程》（SL/T 352—2020）测试混凝土中水溶性氯离子的含量。

7）墩、墙、梁、柱、板类水上构件可进行混凝土表面空气渗透系数测试，测试龄期宜为 56d～90d。对于选定的测试构件，每类构件按照同时浇筑或不大于 2000m² 为一个测试单元区域，不足 2000m² 的按照一个测试单元区域考虑。每个测试单元区域随机选取测点数量不宜少于 6 个，相邻两个测点间距不宜小于 2m，每个测点距构件边缘距离不应小于 0.2m。

现场混凝土空气渗透系数测试方法参照江苏省工程建设标准《城市轨道交通工程高性能混凝土质量控制技术规程》（DGJ32/TJ 206—2016）、中国科技产业化促进会团体标准《表层混凝土低渗透高密实化施工技术规程》（CSPSTC 111—2022），并按仪器说明书进行操作。

2.7.6 质量评定与评价

1. 拌和物性能

（1）混凝土拌和物的工作性能应满足设计及施工工艺的要求，凝聚性和保水性好，不产生泌水、离析和板结现象。

（2）有含气量要求的混凝土每次含气量测试值应在 ±0.5% 的允许偏差范围内。

（3）有温度控制要求的混凝土入仓温度不大于控制值。

2. 强度

（1）混凝土强度检验评定。应采用 28d 或设计规定龄期的标准养护试件，混凝土抗压强度宜按分部工程进行检验评定，每个统计批按《混凝土强度检验评定标准》（GB/T 50107—2010）计算强度的平均值、标准差、离散系数和保证率，并进行统计分析，通过统计法或非统计法公式验评时，评定结果判为合格。

（2）现场混凝土强度。依据《水利工程质量检测技术规程》（SL 734—2016）等标准的规定，采用回弹法、超声回弹综合法、声波法或钻芯法检测的混凝土强度推定值应符合设计要求。

3. 耐久性能

（1）检验结果取值。对于同一检验批只进行 1 组试验的检验项目，应将试验结果作为检验结果；对于有 2 组及以上的检验项目，取偏于安全者作为检验结果，检验结果取值宜符合表 2.20 的规定。

表 2.20　　　　　　　　　混凝土长期性能与耐久性能检验结果取值

检验项目	抗冻、抗渗、抗硫酸盐侵蚀	碳化深度、电通量、氯离子扩散系数、早期抗裂开裂面积、收缩率	空气渗透系数
检验结果取值	所有组试验结果中的最小值	所有组试验结果中的最大值	中值

（2）混凝土耐久性能评价。宜以单位工程或分部工程为单位进行统计评价，将设计要求的耐久性能指标进行分项评价，符合设计规定的耐久性检验项目，可评价为合格。在分项评价基础上对单位工程或分部工程的耐久性能进行总体评价，全部耐久性项目评价为合格者，或经过处理重新评价为合格者，该单位工程或分部工程混凝土耐久性评价为合格。

（3）混凝土耐久性能评价不合格处理。对于被评价为不合格的耐久性能检验项目，应委托咨询机构或邀请专家进行专题论证。经处理并通过验收的项目，可评价为合格，但应在竣工图上载明耐久性能不合格项目所在结构部位及处理方法，以便服役期间重点检查和维护。

4. 外观质量缺陷

施工过程中应对全部混凝土结构构件进行外观质量缺陷检查，缺陷的严重程度按表 2.21 进行评价。

表 2.21　　　　　　　　　混凝土结构外观质量缺陷分类评价

名称	现　　象	严重缺陷	一般缺陷
露筋	构件内钢筋未被混凝土包裹而外露	受力钢筋有露筋	其他钢筋有少量露筋
蜂窝	混凝土表面缺少水泥砂浆而形成石子外露	主要受力部位有蜂窝	其他部位有少量蜂窝
孔洞	孔穴深度和长度均超过保护层厚度	主要受力部位有孔洞	其他部位有少量孔洞
夹渣	混凝土中夹有杂物且深度超过保护层厚度	主要受力部位有夹渣	其他部位有少量夹渣
疏松	混凝土中局部不密实	主要受力部位有疏松	其他部位有少量疏松
裂缝	裂缝从混凝土表面延伸至混凝土内部	荷载裂缝，非荷载裂缝中有影响结构性能、使用功能的裂缝，或缝宽>0.2mm 的裂缝	缝宽≤0.2mm 的非荷载裂缝
其他	表面麻面、掉皮、砂斑、砂线、错台、露石	具有重要装饰效果的清水混凝土构件有外表缺陷	其他混凝土构件有不影响使用功能的外表缺陷
外形缺陷	缺棱掉角、棱角不直、翘曲不平、飞边凸肋等	清水混凝土构件有影响使用功能或装饰效果的外形缺陷	其他混凝土构件有不影响使用功能的外形缺陷
外表缺陷	构件表面麻面、掉皮、起砂、沾污等	具有重要装饰效果的清水混凝土构件有外表缺陷	其他混凝土构件有不影响使用功能的外表缺陷

对蜂窝、麻面、掉角等缺陷，应凿除软弱层，用钢丝刷清理干净，用压力水冲洗、湿润，再用丙乳砂浆、较高强度的水泥砂浆、细石混凝土等材料修补。混凝土裂缝按《水闸

施工规范》（SL 27—2014）、《水工混凝土墩墙裂缝防治技术规程》（T/CSPSTC 110—2022）等规范要求进行修补。

2.7.7 成品保护

（1）施工过程中妥善保护好施工场地的测量控制点，不应随便破坏或移动。

（2）钢筋进场后，按照不同的规格分批堆存，设立原材料标志牌。钢筋堆放宜设置钢筋棚，露天堆放时，应采取上盖下垫措施，避免钢筋锈蚀、变形。

（3）钢筋骨架吊装时要求多点吊装，防止骨架变形。

（4）应保证钢筋绑扎牢固，现场已安装完成的钢筋半成品、成品，应采取保护措施。各工种操作人员不准随意掰动、切割钢筋。混凝土浇筑时不宜直接踩压面层钢筋，防止钢筋的变形、位移。

（5）钢模板表面涂刷脱模剂时不应污染钢筋。模板涂刷脱模剂后宜尽快安装，否则要用塑料布覆盖，防止黏上灰尘和杂物。

（6）吊装模板时避免模板与钢筋骨架碰撞而发生变形。侧模固定后，应设置固定支撑。

（7）保护好已定位的钢筋、模板，不应松动、污染。浇筑混凝土时，振动棒不应触碰钢筋、模板、冷却水管、测温元件、预埋件，防止松动、变形或灰浆的污染。

（8）进入作业面人员不应带入泥土、油污等。

（9）冷却水管确保畅通。

（10）混凝土浇筑时，不应碰撞预埋件。

（11）混凝土浇筑完成后及时用土工布覆盖，并洒水养护，防止混凝土收缩开裂。

（12）混凝土初凝前不应扰动出露的钢筋，不应踩踏混凝土表面。

（13）养护及时到位，确保覆盖湿润。

（14）养护覆盖材料不宜采用麻袋等，宜用无纺布湿润养生。养护水和覆盖物不应对混凝土品质和外观产生不利影响。

（15）保护好止水材料。测温元件及数据线不得破坏，数据线宜安装在钢筋的下方。

（16）冬季施工拆模时避免冷冲击。

（17）拆除模板时不应用大锤硬砸、撬棍硬砸猛撬，以免损伤混凝土表面和棱角。

（18）拆下的模板，应及时清理、修补，钢模板表面刷防锈剂保护。

2.8 安全措施

（1）贯彻执行"安全第一、预防为主"的方针，建立健全安全管理制度，设立安全管理责任机构。

（2）执行三级安全教育和技术交底制度，对所有作业人员进行安全教育、安全交底，明确安全职责。未经安全教育和安全交底的人员，不准上岗作业。

（3）配备专职安全管理人员，负责现场安全巡视，对重点部位、关键工序提出安全注意事项，做好安全技术交底。

（4）所有特种作业人员（电工、电焊工、架子工、起重工等）应持证上岗。

（5）识别施工现场存在的危险源，编制危险源控制清单，在显著位置公示，并制定相应的控制措施。

（6）施工中应严格遵守《水利水电工程土建施工安全技术规程》（SL 399—2007），机械操作应符合《建筑机械使用安全技术规程》（JGJ 33—2012）的规定。

（7）施工现场按照防火、防风、防雷、防触电等安全施工要求进行布置，并设置各种安全标识。搭设牢固的施工便道，对"四口""五临边"设置安全围栏。在主要施工部位、作业地点等处悬挂安全标语、安全警示牌和安全警示标志，不准擅自拆除。

（8）加强用电安全管理，施工用电应符合《施工现场临时用电安全技术规范》（JGJ 46—2005）的规定，配电设备符合三级配电二级保护要求，线路采用"三相五线制"。所有电闸箱及机械均安装漏电保护器，并定期检查。施工现场各类电缆线要定期检查，接头应绑扎牢固，确保不透水、不漏电。对经常处于水、泥浆浸泡处应架空搭设。现场照明宜采用 36 V 安全电压。定期检查维护配电设施，漏电保护器至少每周做 1 次试跳检验。施工现场电源电路安装与拆除，应由持证电工操作。

（9）进入施工区域人员应正确佩戴安全帽以及其他必要的劳动防护用品，进行高空作业时遵守《建筑施工高处作业安全技术规范》（JGJ 80—2016），严禁赤脚、穿拖鞋、高跟鞋进入施工现场。

（10）模板及其脚手架系统应进行方案设计计算，危险性较大的高大模板应组织审查，确保模板、脚手架安装和混凝土浇筑过程安全。

（11）模板存放地点应防雨、防潮、防火。现场钢筋安装完毕后再进行模板安装，如果需现场焊接施工作业，应采取措施，防止引燃模板等物品。

（12）模板吊装作业时应遵守《建筑施工起重吊装工程安全技术规范》（JGJ 276—2012），吊装作业区四周设置明显标志，严禁非操作人员进入吊装现场。起重人员应严格遵守"十不吊"规定，超过 7 级大风不应作业。模板吊运就位后应采取临时固定措施，防止倾倒伤人。吊运模板时，指挥和操作人员应站在安全可靠的地方。

（13）模板和脚手架安装完成后混凝土浇筑前，应检查验收合格后方可使用。

（14）根据浇筑高度、施工环境的不同，应按照有关规定设置操作平台、爬梯、安全围栏等。

（15）施工现场道路应满足车辆行走要求，设计车辆行驶路线和等候地点。

（16）混凝土泵管、溜槽、串管等安装，应考虑施工中混凝土的冲击力等因素，避免失稳倾覆、断裂、松动滑落等发生。

（17）按照规程使用混凝土运输车、混凝土输送泵等机具设备。混凝土浇筑应控制浇筑速度，防止胀模等发生。

（18）混凝土强度应达到设计和规范要求才能拆模。拆模过程中不应硬撬、硬砸。

（19）夜间施工时应保证照明的亮度和范围。

（20）季节性施工要求如下：

1）高温天气施工，应有防暑降温措施。

2）冬季施工，要有防冻、防滑措施，大雪天气、日平均气温低于 0℃时不应浇筑混凝土。

3）雨天施工应有防风、防雨措施，现场做好排水工作，确保道路通畅；雨季施工期间，应对现场供电线路、设备进行全面检查，预防触电事故的发生。6级以上大风天气不应浇筑混凝土。

2.9 环保与资源节约

2.9.1 环保措施

（1）严格执行《环境管理体系 要求及使用指南》（GB/T 24001—2016/ISO 14001—2015），建立环境卫生管理网络，成立管理机构，编制环保措施实施计划；明确各级人员职责，加强对作业人员的环保意识教育。

（2）工程施工过程中遵守国家和工程所在地地方政府制定的环境保护法律、法规和规章制度。

（3）现场自拌混凝土的，砂、石等材料堆场场地应硬化处理。拌和站等临时设施距办公和生活区、居民区不少于300m，并设在主要风向的下风处。

（4）将施工场地和作业限制在工程建设允许的范围内，合理布置、规范围挡，做到标牌清楚、齐全，各种标识醒目，施工场地整洁文明。

（5）材料运输、装卸、加工过程中，防止产生不必要的噪声。

（6）施工场地道路硬化，制定喷雾、洒水、防尘措施。

（7）设备材料堆放有序，有状态标识。施工现场每天清扫，做到谁施工谁清理，不留垃圾、不留零星材料、工具等物品。

（8）现场废弃物统一收集处理，不应随意丢弃，严禁焚烧处理。废机油不倾倒在地面，指定专人收集清运废弃的机油、海绵、胶条和建筑垃圾等，堆放至指定地点，防止扬尘、污染环境。

（9）施工现场遵守《建筑施工场界超声限值》（GB 12523—2011）规定的超声限值，发现噪声超标应及时采取措施纠正。混凝土浇筑尽可能避免夜间施工，需夜间施工的采取防止噪声扰民措施，必要时采用自密实混凝土浇筑。

2.9.2 资源节约

本工法提高了混凝土施工质量，延长了建筑物使用寿命，因此，节约了资源。

2.10 效益分析

2.10.1 技术效益

（1）提出了"水工中低强度等级100年寿命混凝土高性能化施工成套技术"，为提高混凝土抗碳化、抗氯离子渗透、抗酸雨侵蚀能力提供技术支撑，可以将混凝土碳化或氯离子渗透扩散至钢筋表面时间延长数10年甚至100年以上。

（2）提出了混凝土"二优三低三掺一中（大）"配制技术，即选用优质常规原材料，优化配合比设计，采用低用水量、低水胶比、掺入复合矿物掺合料，掺合料掺量为中等或大掺量，采用这样的配合比设计技术提高了混凝土密实性、耐久性，降低开裂风险。推荐不同环境和不同设计使用年限混凝土配合比参数，方便施工技术人员快捷地选择配合比。

（3）工法应用于多个国家和省重点水利工程，混凝土强度、碳化深度、电通量、氯离子扩散系数、抗冻性能、抗渗性能以及表层混凝土空气渗透系数等多项性能指标测试结果表明混凝土高性能化后，混凝土密实性得到提高，混凝土抗碳化能力和抗氯离子渗透能力得到提升。

2.10.2　经济效益

1. 新孟河延伸拓浚界牌水利枢纽工程

（1）施工成本分析。为实现泵站站墩和节制闸闸墩、排架混凝土高性能化，与常规 C30 混凝土相比费用分析计算如下：

1）为满足混凝土用水量不大于 $150kg/m^3$、水胶比不大于 0.41 的配制技术要求，黄砂、碎石、减水剂的质量比常规的 C30 混凝土要求高，混凝土单价增加 7.48 元/m^3，22400m^3 混凝土增加费用 167550.00 元。

2）延长混凝土带模养护时间，需要增加模板与对拉螺杆摊销、脚手架钢管与扣件租赁等费用，大致增加 0.90 元/(m^2·d)，站墩和闸墩胶合板模板面积大约为 23500m^2，平均按延长 5d 拆模时间计算增加的费用为 105750.00 元。

3）税收、间接费用等增加 68325.00 元。

4）站墩和闸墩混凝土需增加费用 341625.00 元，折算成单方混凝土，平均增加费用 15.25 元/m^3。

（2）混凝土年静态投资比较。采用寿命周期法进行技术经济效益分析，仅就混凝土材料部分比较，结果见表 2.22。由表 2.22 可见，界牌水利枢纽混凝土年静态投资仅为对比工程 A 的 55%。

表 2.22　　　　　　　　界牌水利枢纽与对比工程年静态投资比较

工程名称	构件名称	设计使用年限/年	混凝土设计强度等级	费用/(元/m^3)	碳化至钢筋表面时间/年	折合年静态投资/[元/(年·m^3)]
界牌水利枢纽	泵站站墩，节制闸闸墩、排架	100	C30	713.72	140	5.10
对比工程 A	泵站站墩，节制闸闸墩、排架	50	C30	698.47	70	9.98

2. 南京市九乡河闸站工程

（1）施工成本分析。混凝土配合比优化阶段，在预拌混凝土常规使用的原材料基础上，采取复合掺入优质引气剂、选用减水率更高的减水剂技术手段，降低了水泥用量 70kg/m^3，优化后的混凝土配合比见表 2.23。

经比较分析，采用优化后的配合比，混凝土单价降低约 15 元/m^3，节约成本 127500.00 元；混凝土延长带模养护时间，增加费用约 0.9 元/(m^2·d)，闸墩和站墩模板面积 1750m^2，翼墙和导流墩模板面积 2900m^2，增加脚手架租赁和模板摊销等费用约 36300.00 元；站墩和闸墩采取通水冷却措施费用 53600.00 元；保温措施费用 10000.00 元；高性能混凝土专项施工方案专家论证费用 5000.00 元；混凝土试验、高性能化评价费用 60000.00 元；混凝土绿色生产增加费用 20000.00 元。共增加投入 57400.00 元，闸墩、站墩、排架等结构部位 C40 混凝土用量约 8500m^3，混凝土高性能化增加投入 5.74 万元，混凝土平均增加费用 6.75 元/m^3。

表 2.23 **九乡河闸站工程 C40 混凝土配合比优化结果**

配合比/(kg/m³)						外加剂掺量/%B	水胶比	砂率/%	坍落度/mm	28d 强度/MPa	备 注
水泥	粉煤灰	矿渣粉	江砂	碎石	水						
280	60	60	746	1074	160	1.2	0.40	41	160	49.2	预拌混凝土公司提供的配合比
210	100	90	662	1177	140	1.6	0.35	36	160	57.5	施工配合比

注 B 代表混凝土中胶凝材料用量。

（2）全寿命周期成本分析。九乡河闸站工程碳化至钢筋表面时间平均为 220 年，寿命延长 120 年。上部结构土建投资约 3000 万元，仅土建工程因寿命延长静态投资效益增加值为 3600 万元。

2.10.3　社会效益

实现中低强度等级混凝土高性能化带来的社会效益主要体现在：

（1）有利于提高混凝土配制质量，提升工程施工质量和混凝土耐久性能；提高了水工混凝土施工技术水平，推动了水工混凝土科技技术进步。

（2）节约了资源，减少了建筑材料消耗，提高了投资效益。

（3）节约了混凝土服役阶段维修养护费用，降低了维护成本，有利于节能、环保、资源节约。

2.10.4　节能效益

本工法延长了混凝土使用寿命，提高了混凝土耐久性，节约了混凝土使用阶段维修养护材料，相应地节约资源，减少了建筑材料的消耗，节能效益明显。

2.10.5　环保效益

本工法的实施，延长了水工建筑物使用寿命，相应地节约了宝贵的砂石资源和人力投入；混凝土大量使用粉煤灰、矿渣粉等矿物掺合料，减少废渣占用良田、污染环境；降低水泥熟料用量，减少水泥生产能源消耗以及大量的二氧化碳、二氧化硫和氮氧化物的排放。因此，在"双碳"目标下减少了混凝土碳排放，环保效益显著。

2.11　应用实例

2.11.1　新孟河延伸拓浚界牌水利枢纽工程

2.11.1.1　工程概况

新孟河延伸拓浚界牌水利枢纽工程为大（1）型水利工程，由节制闸、泵站和船闸组成（图 2.12）。泵站采用 9 台 X 型双向立式轴流泵，引、排水流量 300m³/s；节制闸共 5 孔，总净宽 80m，最大引、排流量为 745m³/s；船闸按Ⅵ级通航标准设计，闸室长度为 180m，闸室及口门宽度为 16m，门槛水深为 3.0m。

界牌水利枢纽工程主体结构 62400m³ 混凝土施工主要在 2018 年 8 月—2019 年 12 月进行，在江苏省水利科技基金项目"新孟河界牌水利枢纽水工混凝土高性能化施工技术研究与应用"资助下，开展底板、闸墩、站墩、翼墙等结构部位混凝土高性能化施工技术研究，并形成本工法。

图 2.12 新孟河延伸拓浚工程界牌水利枢纽工程

2.11.1.2 混凝土耐久性设计

（1）界牌水利枢纽设计使用年限为 100 年，服役阶段混凝土受到的侵蚀作用见表 2.24。

表 2.24 界牌水利枢纽服役阶段混凝土受到的侵蚀作用

结构部位	侵蚀作用类型		备 注
	主要作用	可能作用	
底板、消力池、护坦	—	磨蚀作用	根据地质报告，环境水对混凝土无侵蚀性
闸墩、站墩、翼墙、排架、桥梁	碳化、冻融	酸雨侵蚀、风蚀等	—

根据《水利水电工程合理使用年限及耐久性设计规范》（SL 654—2014）对环境类别划分方法，底板、墩墙水下部位和工作桥等水上大气区构件环境类别划分为两类，墩墙等水位变化区划分为三类。

（2）抗冻等级为 F50，抗渗等级为 W6。

（3）钢筋保护层厚度为 50mm。

2.11.1.3 混凝土质量控制目标

（1）力学性能。混凝土强度满足 C30 的技术要求。

（2）拌和物性能。工地现场设混凝土搅拌站，机口坍落度控制在 140mm～160mm；混凝土含气量 3%～4%；要求入仓混凝土拌和物黏聚性、保水性良好，无离析、泌水和板结等现象。

（3）耐久性能。28d 人工碳化深度不大于 10mm，抗冻等级≥F100，抗渗等级≥W12。

（4）密实性能。用电通量和氯离子扩散系数表征，56d 电通量＜1000C，84d 氯离子扩散系数＜$4.5 \times 10^{-12}\,\mathrm{m}^2/\mathrm{s}$。

（5）体积稳定性能。

1）依据《水工混凝土试验规程》（SL/T 352—2020）采用刀口法进行混凝土早期抗裂性能评价，参照《高性能混凝土应用技术指南》，混凝土早期抗裂性能等级不低于 L－

Ⅳ级，即单位面积上的总开裂面积不大于 $400mm^2/m^2$。

2）早龄期收缩率，非接触法测试混凝土自初凝开始 72h 收缩率，小于 300×10^{-6}。

（6）现场混凝土质量控制目标。

1）不产生有害裂缝。不产生表面龟裂裂缝，不产生缝宽大于 0.20mm 的温度裂缝。

2）早期自然碳化深度。参照江苏省工程建设标准《城市轨道交通工程高性能混凝土质量控制技术规程》（DGJ32/TJ 206—2016）和表 2.12，拆模后 90d 自然碳化深度不大于 2mm。

3）空气渗透系数。推荐 56d～90d 龄期空气渗透系数不宜大于 $0.7\times10^{-12}m^2/s$。

（7）有害物质含量控制。

1）水溶性氯离子含量不大于胶凝材料用量的 0.06%。

2）总碱量不大于 $3.0kg/m^3$。

3）三氧化硫含量不大于胶凝材料总量的 4%。

2.11.1.4 原材料

（1）水泥。泰州海螺水泥有限公司生产的 42.5 普通硅酸盐水泥，抽检 196 组，水泥物理力学性能符合《通用硅酸盐水泥》（GB 175—2007）的要求，见表 2.25。

表 2.25 水 泥 性 能 检 验 结 果

标准稠度用水量/%	比表面积/(m²/kg)	安定性	凝结时间/min		抗压强度/MPa		抗折强度/MPa	
			初凝	终凝	3d	28d	3d	28d
27.0～28.5	342～386	合格	117～218	166～273	20.7～35.1	42.6～56.7	4.5～6.5	7.9～9.0

（2）粗骨料。采用 5mm～16mm、16mm～31.5mm 两级配碎石；中小石子质量比对堆积空隙率的影响见表 2.26。表 2.26 可见将中小石子按质量比 75：25～65：35 混合使用，配成 5mm～31.5mm 连续粒级颗粒级配，可以获得较低的堆积空隙率。

表 2.26 中小石子质量比对堆积空隙率的影响

质量比	100：0	75：25	70：30	65：35	50：50	0：100
堆积密度/(kg/m³)	1532	1568	1579	1563	1545	1536
堆积空隙率/%	42.0	40.6	40.1	40.8	41.4	41.8

碎石共抽检 479 组，含泥量 0.2%～0.9%，无泥块含量，压碎值 4.8%～10.0%，针片状颗粒含量 0～3.6%，吸水率 0.8%～1.1%，压碎值 7.5%～9.2%，符合配制 C30 混凝土的技术要求。

（3）细骨料。长江中砂，共检验 358 组，颗粒级配在 2 级配区，细度模数 2.46～3.14，含泥量 0.5%～1.8%，无泥块含量，氯离子含量为 0.001%～0.007%，符合配制 C30 及以上混凝土的要求。

（4）粉煤灰。国电江苏谏壁发电有限公司粉煤灰开发公司生产，抽检 59 组，物理性能见表 2.27，符合《用于水泥和混凝土中的粉煤灰》（GB/T 1596—2005）规定的 F 类Ⅱ级粉煤灰技术要求。

表 2.27　　　　　　　　　　　　　粉煤灰性能检验结果

45μm方孔筛筛余/%	需水量比/%	烧失量/%	含水量/%	三氧化硫含量/%	氯离子含量/%	碱含量/(kg/m³)
6.2～18.6	88～94	0.80～2.24	0～0.3	0.54～1.15	0.003	0.62

（5）矿渣粉。常州市礴海建材有限公司生产的 S95 粒化高炉矿渣粉，矿渣粉性能检验结果见表 2.28，符合《用于水泥和混凝土中的粒化高炉矿渣粉》（GB/T 18046—2017）中 S95 级矿渣粉的质量要求。

表 2.28　　　　　　　　　　　　　矿渣粉性能检验结果

密度/(g/cm³)	比表面积/(m²/kg)	烧失量/%	三氧化硫含量/%	含水量/%	活性指数/%		流动度比/%
					7d	28d	
2.88	426	0.5	0.12	0.24	85	108	98

（6）外加剂。为聚羧酸高性能减水剂，与引气剂复合组成引气型减水剂。掺量为胶凝材料用量的 1.0%～1.6%，1.6%掺量时检验结果见表 2.29。

表 2.29　　　　　　　　　　　　　外加剂主要性能

减水率/%	含气量/%	初凝时间之差/min	1h坍落度损失/mm	收缩率比/%	泌水率/%	抗压强度比/%	
						7d	28d
29.2	3.8	116	40	102	52.4	147	135

（7）拌和用水。拌和用水是自来水。

（8）功能材料。底板混凝土中掺入抗裂防渗剂，由膨胀剂和聚丙烯抗裂纤维复合组成；墩墙等结构部位混凝土中掺入纤维素纤维。

2.11.1.5　配合比

1. 配合比优化设计

（1）因素水平表。采用正交试验，设计 2 组四因素三水平 L9（3⁴）正交表，筛选水化热温升和早期收缩率相对较低、抗裂性能和抗碳化性能较好的混凝土组成。

1）甲组正交试验因素水平表见表 2.30；考察指标为混凝土拌和物性能、用水量、抗压强度、碳化深度等，试验结果见表 2.31。

表 2.30　　　　　　　　　　　　甲组混凝土正交试验因素水平表

序号	因　　素			
	胶凝材料用量/(kg/m³)	掺合料掺量/%B	粉煤灰与矿渣粉掺量比	外加剂掺量/%B
1	340	40	0.5	0.9
2	370	45	1.0	1.1
3	400	50	2.0	1.3

注　B 代表混凝土中胶凝材料用量。

表 2.31 　　　　　　　　　　甲组正交试验混凝土拌和物性能和强度试验结果

编号	配合比/(kg/m³)						水胶比	坍落度/mm	28d强度/MPa		56d强度/MPa		碳化深度/mm	凝聚性与保水性
	水泥	粉煤灰	矿渣粉	砂	碎石	水			抗压	劈裂抗拉	抗压	劈裂抗拉		
10 号	239	34	68	733	1147	163	0.48	120	42.0	2.39	40.0	3.27	14.5	好
11 号	204	68	68	745	1165	154	0.45	130	39.7	2.32	42.6	2.86	15.9	好
12 号	170	113	57	745	1165	146	0.43	130	45.0	3.5	47.5	3.02	14.0	好
13 号	259	56	56	733	1147	149	0.40	130	46.2	2.74	39.8	3.40	5.7	好
14 号	222	99	49	733	1147	165	0.45	150	36.3	2.63	42.6	3.10	10.3	好
15 号	185	62	123	733	1147	147	0.40	160	43.3	3.36	43.2	2.75	5.0	好
16 号	280	80	40	722	1131	152	0.38	140	43.9	3.72	51.0	3.93	3.6	好
17 号	240	53	107	722	1131	150	0.38	170	47.1	3.21	55.4	3.74	2.4	好
18 号	200	100	100	722	1131	159	0.40	160	46.8	3.52	51.9	3.28	11.1	好

　　2）在甲组正交试验结果基础上，在混凝土中掺入抗裂防渗功能材料、适当降低胶凝材料用量和掺合料掺量，进行乙组正交试验，因素水平表见表 2.32，考察因素为混凝土拌和物性能、抗压强度、碳化深度等，试验结果见表 2.33。

表 2.32 　　　　　　　　　　乙组混凝土正交试验因素水平表

序号	因　　素			
	胶凝材料用量/(kg/m³)	掺合料掺量/%B	抗裂防渗功能材料	砂率/%
1	330	35	—	37
2	345	42.5	纤维素纤维（1kg/m³）	39
3	360	50	抗裂防渗剂（30kg/m³）	41

表 2.33 　　　　　　　　　　乙组混凝土拌和物性能和强度试验结果

编号	配合比/(kg/m³)								水胶比	坍落度/mm	28d强度/MPa		56d强度/MPa		28d碳化深度/mm	凝聚性与保水性
	水泥	粉煤灰	矿渣粉	砂	石	纤维素纤维	抗裂防渗剂	水			抗压	劈裂抗拉	抗压	劈裂抗拉		
19 号	214	58	58	704	1198	—	—	144	0.44	180	43.9	2.44	32.8	2.24	10.6	好
20 号	190	70	70	740	1157	1	—	149	0.45	120	42.5	1.58	36.7	2.43	19.0	好
21 号	135	82	82	778	1119		30	149	0.45	170	41.4	2.53	42.1	2.75	18.8	好
22 号	224	61	61	771	1110	1		149	0.43	120	42.4	2.28	55.8	3.61	15.9	好
23 号	168	73	73	698	1189		30	144	0.42	160	42.5	2.73	47.5	3.26	16.3	好
24 号	173	86	86	735	1150			146	0.42	190	35.1	2.73	45.0	2.86	12.5	好
25 号	204	63	63	729	1140		30	147	0.41	160	39.8	3.42	30.7	2.91	6.1	好
26 号	207	76	76	767	1103			145	0.40	180	45.6	2.85	47.3	3.25	10.8	好
27 号	180	90	90	692	1179	1	—	144	0.40	180	43.8	2.67	46.1	2.92	9.3	好

　　注　1. 小石与中石质量之比为 25:75。

　　　　2. 减水剂用量为胶凝材料用量的 1.35%，其中引气剂用量为减水剂用量的 23%。

（2）正交试验结果分析。

1）2 组正交试验结果表明胶凝材料用量为 $370kg/m^3 \sim 400kg/m^3$、掺合料掺量控制在 40% 以内、粉煤灰与矿渣粉掺量对各项性能影响均不显著，高性能减水剂掺量为 $1.1\%B \sim 1.3\%B$ 时，考察指标性能满足设计要求。

2）混凝土拌和物的坍落度在 120mm～190mm 之间，均具有良好的凝聚性和保水性。

3）混凝土用水量在 $144kg/m^3 \sim 165kg/m^3$ 之间，水胶比在 0.38～0.48 之间。甲组正交试验中外加剂掺量、掺合料掺量是影响混凝土用水量的 2 个主要因素；乙组正交试验中，在外加剂用量一定时，砂率和功能材料是影响混凝土用水量的 2 个主要因素。

4）混凝土 14d 抗压强度 35.0MPa～44.0MPa，28d 抗压强度 35.1MPa～47.1MPa，28d 劈裂抗拉强度 1.58MPa～3.72MPa。

5）56d 电通量 200C～782C，85d～145d 氯离子扩散系数 $0.305 \times 10^{-12} m^2/s \sim 3.031 \times 10^{-12} m^2/s$。2 组正交试验中掺合料掺量均是影响混凝土电通量的首要因素；在外加剂用量一定时，胶凝材料用量、掺合料掺量、功能材料和砂率对氯离子扩散系数的影响并不显著。

6）混凝土 28d 碳化深度 2.4mm～18.8mm，甲组正交试验 4 个因素中，胶凝材料用量为影响碳化深度最主要因素；乙组正交试验中，胶凝材料用量和掺合料掺量为影响碳化深度的 2 个主要因素。

试验得出混凝土水胶比与 28d 碳化深度之间拟合关系见式（2.2）。

$$h = 144.63w/b - 49.725 \tag{2.2}$$

式中：h 为混凝土 28d 碳化深度，mm；w/b 为混凝土水胶比。

根据江苏省地方标准《水利工程混凝土耐久性技术规范》（DB32/T 2333—2013）对设计使用年限为 100 年、50 年的混凝土抗碳化性能的规定，按式（2.2）计算混凝土水胶比分别不宜大于 0.41、0.48。

2. 掺纤维素纤维对混凝土体积稳定性能的影响

在上述 2 组正交试验基础上，进行掺纤维素纤维对混凝土抗裂性能和收缩性能影响试验，混凝土配合比见表 2.34。

表 2.34　　　　　　　　刀口抗裂与收缩率试验混凝土配合比

试验号	配合比/（kg/m³）								胶凝材料用量/（kg/m³）	水胶比	砂率/%	坍落度/mm
	水泥	粉煤灰	矿渣粉	砂	碎石	水	抗裂防渗剂	纤维素纤维				
30 号	180	90	90	732	1147	140	0	0	360	0.39	39	170
31 号	180	90	90	732	1147	140	0	1	360	0.39	39	160
32 号	210	60	60	733	1147	140	30	0	360	0.39	39	170
33 号	210	65	65	741	1159	140	0	1	340	0.41	39	160

（1）刀口抗裂试验。采用《普通混凝土长期性能和耐久性试验方法》（GB/T 50082—2009）中的刀口法进行混凝土早期抗裂试验，结果见表 2.35。

表 2.35 　　　　　　　　　　混凝土刀口抗裂试验结果

试验号	单位面积裂缝数目/(条/m²)	每条裂缝平均开裂面积/(mm²/条)	单位面积总开裂面积/(mm²/m²)
30 号	8.3	22	183
31 号	2.1	5	10
32 号	7.3	37	270
33 号	6.2	13	81

表 2.35 试验结果表明：掺入纤维素纤维可提高混凝土早期抗裂性能；增加水泥用量，即使降低胶凝材料用量，混凝土早期抗裂性能也略有降低。

（2）早期收缩率。非接触式收缩变形测定仪测试混凝土早龄期收缩率，反映混凝土单面干燥条件下的总收缩值，包括干缩、自收缩、温度收缩等。因试件尺寸较小，温度收缩相对较低，主要反映早龄期干缩和自收缩情况。96h 收缩率试验结果见图 2.13。

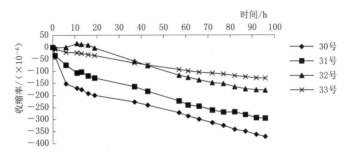

图 2.13　混凝土早期收缩率试验结果

图 2.13 表明混凝土中掺入纤维素纤维，能够降低早期收缩率；掺入纤维素纤维、降低胶凝材料用量，能够进一步降低早期收缩率。

3. 施工配合比

综合 2 组正交试验结果，以及混凝土刀口抗裂和早期收缩率试验结果，推荐施工配合比见表 2.36。

表 2.36 　　　　　　　　　　混 凝 土 施 工 配 合 比

部位	配合比/(kg/m³)										坍落度/mm	含气量/%
	水泥	粉煤灰	矿渣粉	江砂	5mm～16mm 碎石	16mm～31.5mm 碎石	纤维	抗裂防渗剂	水	减水剂		
闸墩站墩闸室墙	210	75	75	699	298	893	1	—	145	3.8	160	3.0～4.0
底板	210	60	60	699	298	893	—	30	145	3.8	160	3.0～4.0

2.11.1.6　施工过程质量控制

（1）选购优质常规原材料，提前存储砂石材料，为实现混凝土用水量和水胶比控制目标、实现混凝土高性能化提供基础。

（2）掺聚羧酸高性能减水剂的混凝土拌和物工作性能对用水量较为敏感，混凝土生产过程中用水量控制尤其重要，粗细骨料堆棚堆放，做好排水设施，增加含水率检测频次，及时调整用水量，提高混凝土拌和物质量稳定性。

（3）主体结构混凝土浇筑施工历经春夏秋冬4个季节，泵站和节制闸底板等结构部位为高温季节施工，泵站出水流道、辅机层和闸墩等结构部位主要在低温季节施工，分别制定夏季和冬季混凝土施工方案，采取特殊季节施工针对性技术措施。

（4）泵站底板、站墩、节制闸底板、闸墩、翼墙、船闸闸首等结构属于大体积混凝土，混凝土有防裂要求。设计在底板中掺入抗裂防渗剂、墩墙中掺入纤维素纤维，提高混凝土早期的体积稳定性和抗裂能力。建设单位委托扬州大学开展泵站底板和站墩施工期温度场、应力场仿真计算分析，建议闸墩和站墩采用水管冷却措施，进一步降低温度应力。

分别在电机层和联轴层的站墩、闸墩布置冷却水管（图2.14），同一水平层平行布置2根，竖向距离为0.6m，每根冷却水管长度为150m～200m，混凝土浇筑完毕即开始通水，管中水流速度0.6m/s。温度监测结果，混凝土温度峰值降低约10℃。

（5）适当延长带模养护时间，保证早期混凝土表面不失水，还可有效防止拆模后混凝土表面因温度和湿度急剧变化，引起混凝土温度应力增加。带模养护时间不宜少于10d，拆模后混凝土表面涂刷养护剂保水养护（图2.15）。

图2.14 出水流道站墩布置的冷却水管　　　图2.15 底板混凝土喷养护剂养护

2.11.1.7 应用效果

1. 混凝土强度

（1）试件强度。主体结构590组C30混凝土试件，分为8个统计批，各个统计批混凝土抗压强度评定结果见表2.37。

表2.37　　　　　　　　　8个统计批混凝土试件强度评定结果

序号	部位（统计批）	强度等级	组数	强度/MPa			离散系数	公式验评	评定
				最小值	平均值	均方差			
1	节制闸闸室段	C30	50	38.7	41.5	1.20	0.03	通过	合格
2	泵站站身	C30	146	39.3	41.6	0.97	0.02	通过	合格

序号	部位 (统计批)	强度 等级	组数	强度/MPa			离散 系数	公式 验评	评定
				最小值	平均值	均方差			
3	出水池	C30	54	37.8	40.6	1.45	0.04	通过	合格
4	前池	C30	64	37.2	40.9	1.26	0.03	通过	合格
5	清污机桥	C30	63	37.8	40.0	1.37	0.03	通过	合格
6	船闸外闸首	C30	26	37.6	40.4	1.77	0.04	通过	合格
7	船闸内闸首	C30	23	38.1	41.0	1.44	0.04	通过	合格
8	船闸闸室段	C30	164	37.7	40.8	1.45	0.04	通过	合格

(2) 现场混凝土强度。①闸墩、站墩 33d～50d 龄期混凝土回弹强度推定值为 33.4MPa～48.9MPa，102d～120d 龄期回弹强度推定值为 37.6MPa～49.4MPa。船闸闸室墙、闸首廊道 13d～32d 推定值为 35.2MPa～49.4MPa。②委托水利部基本建设工程质量检测中心检测，节制闸 3 个闸墩混凝土回弹强度推定值为 47.2MPa～50.6MPa；泵站进水流道、出水流道的站墩混凝土回弹强度推定值为 42.5MPa～48.5MPa。

2. 碳化深度

(1) 人工碳化深度。共检测 16 组，28d 碳化深度在 7.7mm～11.2mm 之间，平均值为 9.4mm。

(2) 自然碳化深度。①节制闸闸墩 40d 自然碳化深度平均值为 0.32mm，100d 平均值为 0.48mm～0.71mm，410d～540d 平均值为 3.43mm；②泵站站墩 90d～110d 自然碳化深度为 0.18mm～0.56mm，160d 平均值为 0.62mm，590d～630d 平均值为 1.8mm；③船闸闸室墙、闸首廊道 280d～420d 自然碳化深度平均值为 3.11mm。

(3) 根据自然碳化时间和钢筋保护层设计厚度推算混凝土碳化至钢筋表面时间，按 85% 的保证率预测碳化至钢筋表面时间，见表 2.38。

表 2.38 界牌水利枢纽现场混凝土自然碳化深度与碳化至钢筋表面预测时间

部　位	自然碳化 时间/d	自然碳化深度/mm				碳化至钢筋表面 预测时间/年
		最大值	最小值	平均值	均方差	
泵站站墩	590～630	5.50	0	1.80	1.55	292
节制闸闸墩	410～540	5.00	1.80	3.43	0.88	178
船闸闸首廊道等	420	6.00	1.00	3.11	1.36	122

3. 密实性能

闸墩、站墩等结构部位混凝土 56d 电通量为 764C，84d 氯离子扩散系数为 $4.369 \times 10^{-12} \mathrm{m^2/s}$，测试结果表明混凝土有良好的密实性能。

4. 抗冻、抗渗性能

混凝土抗冻性能达到 F100，抗渗性能达到 W12。

5. 混凝土空气渗透系数

(1) 泵站进水流道和出水流道站墩共检测 20 个测区，最大值为 $0.55 \times 10^{-16} \mathrm{m^2}$，最

小值为 $0.004 \times 10^{-16} \mathrm{m}^2$，几何均值为 $0.062 \times 10^{-16} \mathrm{m}^2$，90％置信区间为 $[0.032, 0.151] \times 10^{-16} \mathrm{m}^2$；泵站站墩混凝土表面质量等级评价为很好、好和中等的分别占 5.6％、74.4％、20％。

（2）节制闸闸墩混凝土共检测 18 个测区，最大值为 $3.614 \times 10^{-16} \mathrm{m}^2$，最小值为 $0.022 \times 10^{-16} \mathrm{m}^2$，几何均值为 $0.092 \times 10^{-16} \mathrm{m}^2$，90％置信区间为 $[0, 0.772] \times 10^{-16} \mathrm{m}^2$。节制闸闸墩混凝土表面质量等级评价为好、中等的分别占 50％和 44.5％。

6. 混凝土高性能化评价

江苏省水利科学研究院在《高性能混凝土评价标准》（JGJ/T 385—2015）基础上，针对水工混凝土特点增加现场混凝土质量评价内容，编制《内河淡水区水工中低强度等级 100 年寿命混凝土高性能化评价方法》，对设计、生产和现场三个方面分别从混凝土性能、原材料、配合比、制备和施工 5 个单方面进行评价，评价结构混凝土是否实现高性能化。

（1）单方面评价。①控制项全部满足要求。②评分项得分，结果汇总于表 2.39。

表 2.39　　　　　　　　　　高性能混凝土评分项得分汇总表

评价类别		评分项得分				
		混凝土性能	原材料	配合比	制备	施工
设计评价	合格标准	≥90.0	—	—	—	—
	得分	90.0	—	—	—	—
生产评价	合格标准	≥90.0	≥75.0	≥90.0	≥85.0	—
	得分	91.7	84.2	90.2	88.9	—
现场评价	合格标准	≥90.0	≥75.0	≥90.0	≥85.0	≥85.0
	得分	92.0	84.2	90.2	88.9	87.0

（2）混凝土评价总得分，见表 2.40。

表 2.40　　　　　　　　　　混凝土评价总得分

评价类别	评价总得分/分	标准/分	评价结果
设计评价	90.0	≥90.0	合格
生产评价	89.6	≥88.0	合格
现场评价	89.5	≥88.0	合格

（3）判定闸墩、站墩混凝土实现高性能化。

2.11.2　南京市九乡河闸站工程

2.11.2.1　工程概况

九乡河口闸站工程（图 2.16）位于南京市栖霞区栖霞街道，距九乡河入长江口约 170m 处。节制闸闸孔总净宽 30m，分 3 孔布置，每孔净宽 10m。泵站设计流量为 $15.0 \mathrm{m}^3/\mathrm{s}$，选用 2 台 1600QGL - 100 型潜水贯流泵，单机流量 $7.5 \mathrm{m}^3/\mathrm{s}$，配套电机 560kW，总装机容量 1120kW。由南京市水利建筑工程有限公司施工，闸站主体结构主要在 2016 年 10 月—2017 年 5 月期间施工。

在南京市水务科技重点项目《酸性环境下水务工程混凝土防裂缝防碳化高性能技术研

究》资助下，开展混凝土高性能化施工技术研究，通过原材料优选与配合比优化、延长混凝土带模养护时间，闸站底板、闸墩和站墩通水冷却，采取综合施工技术措施，提高混凝土耐久性能，降低开裂风险，实现混凝土高性能化。

2.11.2.2 混凝土耐久性设计

九乡河闸站工程所在地有大型石化企业，混凝土服役阶段受到碳化、酸雨等侵蚀作用。

图 2.16 九乡河闸站工程

工程设计使用年限为 100 年，底板混凝土设计强度等级为 C30，闸墩、站墩、导流墩、翼墙等结构部位混凝土设计强度等级为 C40，抗冻等级 F100，抗渗等级 W6，钢筋保护层厚度为 50mm。

2.11.2.3 混凝土质量控制目标

1. 混凝土耐久性能

（1）抗碳化性能。等级为 T－Ⅳ，28d 和 56d 人工碳化深度分别不大于 10mm 和 15mm。

（2）抗冻等级≥F100。

（3）抗渗等级≥W12。

（4）密实性能。56d 电通量＜1000C、84d 氯离子扩散系数小于 $4.5×10^{-12} m^2/s$。

（5）抗酸雨侵蚀能力。参照《桥梁结构用耐久性混凝土设计与施工手册》，采用模拟酸雨检验混凝土抗酸雨侵蚀能力，采用周期浸泡法，将试件浸泡于模拟酸雨溶液中 4d，取出后自然干燥 1d，5d 为一个循环，16 个循环后测量混凝土的中性化深度，要求不大于 0.74mm。酸雨的化学组成见表 2.41。

表 2.41   人工模拟酸雨化学组成   单位：mol/L

化学组成	SO_4^{2-}	Mg^{2+}	NH_4^+	Ca^{2+}	H^+
含量	0.10	0.002	0.002	0.001	0.01

（6）有害物质含量。混凝土中水溶性氯离子含量小于胶凝材料用量的 0.20%，总碱量小于 $3.0kg/m^3$；三氧化硫含量小于胶凝材料总量的 4%。

2. 混凝土抗裂性能

节制闸闸墩长度 20m，厚度 1.5m 和 1.2m，泵站站墩长度 29m，厚度 1.0m～1.8m，闸墩和站墩抗裂防裂要求较高，考察指标如下：

（1）较低的水化热。主要通过降低水泥用量和控制矿渣粉掺量来实现。

（2）早期抗裂性能。采用刀口法进行混凝土早期抗裂性能评价，参照《高性能混凝土应用技术指南》，混凝土早期抗裂性能等级不低于 L-Ⅲ级，即单位面积上的总开裂面积不大于 $700mm^2/m^2$。

（3）早龄期收缩率。非接触法测试混凝土自初凝开始 72h 收缩率不大于 $300×10^{-6}$。

3. 现场混凝土质量控制

(1) 早期自然碳化深度。参照江苏省工程建设标准《城市轨道交通工程高性能混凝土质量控制技术规程》(DGJ32/TJ 206—2016),拆模后 90d 碳化深度不大于 2mm。

(2) 现场混凝土密实性。56d～90d 龄期空气渗透系数不大于 $0.7×10^{-12}\,m^2/s$。

(3) 不产生有害裂缝。不产生表面龟裂裂缝,不产生缝宽大于 0.20mm 的温度裂缝。

2.11.2.4　原材料

(1) 水泥。南京海螺水泥有限公司生产的 P·Ⅱ52.5 硅酸盐水泥,水泥物理力学性能符合《通用硅酸盐水泥》(GB 175—2007) 的要求。

(2) 粉煤灰。南京华能 F 类Ⅱ级灰,45μm 方孔筛筛余 7.9%,需水量比 94.0%,烧失量 4.0%,含水量 0.2%,三氧化硫 0.35%。

(3) 细骨料。长江中砂,含泥量 0.4%～0.9%,无泥块含量,细度模数 2.5～2.8,颗粒级配在 2 级配区。

(4) 粗骨料。采用二级配碎石,其中中石子规格为 16mm～31.5mm,小石子规格为 5mm～16mm,将中小石子按质量比 75∶25～65∶35 混合使用,配成符合 5mm～31.5mm 的连续粒级的颗粒级配,松堆空隙率 42%。两级配碎石针片状颗粒含量 5.66%,压碎值 4.3%,泥含量 0.2%,无泥块含量。

(5) 矿渣粉。S95 级粒化高炉矿渣粉。

(6) 减水剂。JM-10B 聚羧酸高性能引气减水剂,减水率为 31.7%。

(7) 抗裂纤维。聚丙烯腈合成纤维。

2.11.2.5　配合比

预拌混凝土公司向施工单位提供的其正常使用的 C40 混凝土配合比,胶凝材料用量 $400kg/m^3$,P·Ⅱ52.5 水泥用量 $280kg/m^3$,粉煤灰和矿渣粉用量均为 $60kg/m^3$,砂率 41%,用水量 $160kg/m^3$。施工单位认为配合比中水泥量较高,不利于混凝土防裂,委托江苏省水利科学研究院进行配合比优化设计。

(1) 因素水平表。在预拌混凝土公司提供的混凝土配合比基础上,进行配合比优化设计,主要考察胶凝材料用量、掺合料掺量、矿渣粉与粉煤灰掺量比例以及砂率对混凝土拌和物性能、强度等影响。正交设计因素水平表见表 2.42。

表 2.42　　　　　　　　　　　　正交设计因素水平表

序号	因　素			
	胶凝材料用量 /(kg/m³)	掺合料掺量 /%B	矿渣粉与粉煤灰 质量比	砂率 /%
1	370	40	0.6	36
2	390	45	1.0	38
3	410	50	1.4	40

注　B 代表混凝土中胶凝材料用量。

(2) 试验结果。混凝土拌和物性能、强度等试验结果见表 2.43,表 2.43 试验结果可见 9 组混凝土配合比均满足 C40 混凝土配制强度要求 (均方差取 4.0MPa)。

表 2.43   L9（3^4）正交试验结果

编号	配合比/（kg/m³）							水胶比	坍落度/mm	含气量/%	28d强度/MPa	凝聚性与保水性
	水泥	粉煤灰	矿渣粉	砂	碎石	水	减水剂					
N4	222	92	56	668	1187	136	5.9	0.37	200	2.8	61.0	好
N5	204	83	83	705	1150	138	5.9	3.74	200	3.0	57.5	好
N6	185	77	108	742	1113	140	5.9	0.38	200	3.2	54.3	好
N7	234	78	78	734	1101	140	6.2	0.36	200	3.2	60.4	好
N8	214	73	102	661	1174	137	6.2	0.35	220	2.5	56.5	好
N9	195	122	73	697	1138	134	6.2	0.34	200	3.7	40.3	好
N10	246	68	96	689	1126	135	6.6	0.33	200	3.1	53.6	好
N11	226	115	69	726	1089	140	6.6	0.34	200	3.4	54.5	稍有板结
N12	205	103	102	653	1161	140	6.6	0.34	200	3.5	55.3	好

（3）耐久性能。选择 N8 号配合比，进行混凝土碳化深度、电通量、氯离子扩散系数以及收缩率试验，试验结果见表 2.44。表 2.44 试验结果表明混凝土 28d 和 56d 碳化深度均较低，说明混凝土有较强的抗碳化能力，满足 100 年不大于 10mm 的要求；电通量和氯离子扩散系数试验结果表明混凝土有着良好的密实性能。

表 2.44   混凝土耐久性能与收缩率测试结果

编号	碳化时间/d	碳化深度/mm			56d电通量/C	84d氯离子扩散系数/（$\times 10^{-12}$ m²/s）	72h收缩率/（$\times 10^{-6}$）
		最大值	最小值	平均值			
N8	28	4.5	0	0.64	633	3.045	−156
	56	8.4	0	1.4			

（4）施工配合比。经室内试验、现场试浇筑，确定施工配合比见表 2.45。由表可见，经配合比优化后，与预拌混凝土公司提供的配合比相比，在胶凝材料用量不变的前提下，混凝土用水量降低 20kg/m³，水泥用量降低 70kg/m³，水胶比降低 0.04。

表 2.45   九乡河闸站工程墩墙混凝土施工配合比

配合比/（kg/m³）									水胶比	坍落度/mm	含气量/%
水泥	粉煤灰	矿渣粉	砂	小石	中石	水	减水剂	纤维			
210	100	90	708	332	775	140	5.2	1.0	0.36	160～180	3.5

2.11.2.6 墩墙温控措施

（1）减少水泥用量。配合比优化后水泥用量降低 70kg/m³，水化热温升降低 5℃～7℃。

（2）控制早期收缩率。掺入抗裂纤维，降低了混凝土 72h 收缩率。

（3）确定温度控制标准。控制里表温差≤25℃，降温速率≤3℃/d。

（4）通水冷却。闸墩和站墩通水冷却，通水时间 15d，降低内部温度 5℃～7℃。

（5）保温措施。站墩、闸墩浇筑气温−5℃～10℃，将整个闸室和站进水流道采用塑料彩条布包裹、在泵站流道进出水口两端封闭。

（6）延长带模养护时间。闸墩带模养护时间大于 20d，站墩为 30d。

2.11.2.7　应用效果

（1）混凝土强度。闸墩、站墩 100d～120d 混凝土回弹强度推定值为 46.5MPa～52.3MPa。

（2）人工碳化深度。平均值为 5.1mm。

（3）密实性能。混凝土标准养护 84d 氯离子扩散系数为 $2.935×10^{-12}\text{m}^2/\text{s}$，56d 电通量为 586C。闸墩大板试件等效养护 1800℃·d 的氯离子扩散系数为 $3.156×10^{-12}\text{m}^2/\text{s}$，电通量为 649C。混凝土氯离子扩散系数和电通量试验结果表明混凝土有良好的密实性能。

（4）抗冻与抗渗性能。混凝土抗冻等级＞F200，抗渗等级＞W12。

（5）抗酸雨侵蚀性能。将编号为 N8 的试件浸泡于人工酸雨中，16 个循环后混凝土中性化深度为 0.65mm。采用回弹法检测混凝土表面回弹强度，用超声波检测混凝土波速。浸泡前混凝土回弹强度为 45.6MPa，超声波波速为 32.870km/s；浸泡 240d 混凝土回弹强度为 45.7MPa，超声波波速为 32.959km/s；浸泡 510d 混凝土回弹强度为 42.6MPa，超声波波速为 31.96km/s。

（6）现场混凝土自然碳化深度。闸墩、站墩等结构部位 80d～110d 的自然碳化深度为 0.26mm～0.52mm；645d～710d 自然碳化深度平均值为 2.71mm（表 2.46），推算碳化至钢筋表面时间大于 220 年。

表 2.46　现场混凝土自然碳化深度检测结果

部位	测试龄期 /d	测点数 /个	碳化深度/mm			
			最大值	最小值	标准差	平均值
闸墩	90	206	3.0	0	0.57	0.40
	710	24	5.25	1.0	1.09	2.67
站墩	110	30	2.5	0	0.51	0.26
	685	22	4.5	1.5	0.91	2.84
翼墙	105	66	2.5	0	0.46	0.27
	650	31	5.3	0.3	1.40	1.48
导流墩	40	42	0.5	0	0.21	0.11
	110	40	2.0	0	0.55	0.52
胸墙	685	15	4.5	1.3	0.92	2.91

（7）表层混凝土质量。混凝土空气渗透系数共检测 54 个测区，其中，节制闸闸墩几何均值为 $0.083×10^{-16}\text{m}^2$，泵站站墩几何均值为 $0.015×10^{-16}\text{m}^2$，翼墙与导流墩几何均值为 $0.223×10^{-16}\text{m}^2$。混凝土表层质量评价为中等、好和很好等级的分别占 40.7%、42.6% 和 12%。

（8）测试进水流道站墩在厚度为 1.5m、1.2m、1.0m 的中心最高温度分别为 57℃、50℃ 和 47℃，节制闸边墩中心冷却水管和非冷却水管部位最高温度分别为 41.6℃、46.8℃。29m 长站墩仅发现 2 条缝宽 0.05mm 的微细竖向温度裂缝。

2.11.3 扬中市万福桥闸站工程

1. 工程概况

扬中市万福桥闸站工程节制闸设计排涝流量 73.0m³/s，引水流量 58.0m³/s；泵站设计排涝流量 12m³/s。工程于 2019 年 12 月—2020 年 4 月施工。设计使用年限为 50 年，主体结构部位混凝土设计指标为 C30W6F50，混凝土服役阶段主要受到碳化侵蚀作用。

2. 原材料与配合比

(1) 原材料。水泥为 52.5 普通硅酸盐水泥；粉煤灰为 F 类 Ⅱ 级粉煤灰；矿渣粉为 S95 级粒化高炉矿渣粉；细骨料为人工砂，颗粒级配为 2 区级配；粗骨料为 5mm～31.5mm 碎石；减水剂为聚羧酸高性能减水剂。

(2) 配合比。水泥 250kg/m³，粉煤灰 65kg/m³，矿渣粉 65kg/m³，人工砂 770kg/m³，碎石 1064kg/m³，用水量 160kg/m³，减水剂 4.9kg/m³，水胶比为 0.42。

3. 应用效果

墩墙混凝土强度 36.2MPa～44.0MPa；混凝土抗渗性和抗冻性能满足设计要求；站墩、隔墩、节制闸闸墩 60d～65d 自然碳化深度 0～1.5mm，平均值为 0.33mm，推算碳化至钢筋表面时间大于 100 年。

2.11.4 江阴市定波水利枢纽工程

1. 工程概况

定波水利枢纽工程位于江阴市锡澄运河与长江交会口，工程主要实施内容包括新建节制闸、泵站以及上下游引河等。节制闸闸孔总净宽为 48m，采用 5 孔布置方案，中孔净宽 16m，4 个边孔净宽 8m。泵站采用双向竖井贯流泵，设计排涝流量 120m³/s，单机排涝流量 30m³/s。

定波水利枢纽为大（2）型水利工程，设计使用年限为 100 年，主体结构部位混凝土设计指标为 C30W4F50。工程实施时间为 2019—2020 年，混凝土服役阶段主要受到碳化侵蚀作用。

2. 原材料与配合比

(1) 原材料。水泥为 42.5 普通硅酸盐水泥；粉煤灰为 F 类 Ⅱ 级粉煤灰；矿渣粉为 S95 级粒化高炉矿渣粉；细骨料为长江中砂，颗粒级配为 2 区级配；粗骨料为 5mm～31.5mm 碎石；减水剂为聚羧酸高性能减水剂。

(2) 配合比。水泥用量 222kg/m³，粉煤灰用量为 68kg/m³，矿渣粉用量为 50kg/m³，江砂 780kg/m³，碎石 1055kg/m³，用水量 148kg/m³，聚羧酸高性能减水剂 4.1kg/m³，南京派尼尔抗裂防渗剂用量 30kg/m³；胶凝材料用量 370kg/m³，水胶比为 0.40。

3. 应用效果

定波水利枢纽施工期间混凝土采用"低用水量、低水胶比和较低的水泥用量"配制技术，由于工期紧张，带模养护时间较长，一般在 20d 以上。

节制闸闸墩、站墩和清污机桥墩混凝土回弹强度推定值在 33.0MPa～43.5MPa 之间；混凝土抗渗和抗冻性能满足设计要求；节制闸闸墩 37d～46d 自然碳化深度 0～2.7mm，平均值为 0.4mm～0.46mm；泵站进水流道站墩 20d～23d 自然碳化深度平均值为

0.24mm～0.27mm；泵站水泵井（下节）102d 自然碳化深度平均值为 1.23mm；清污机桥桥墩 30d～52d 自然碳化深度平均值为 0.28mm～0.31mm。

2.11.5　九乡河闸站工程、界牌水利枢纽混凝土与调研工程比较分析

1. 碳化深度

南京市九乡河闸站工程和界牌水利枢纽工程混凝土人工碳化深度均小于对比工程，说明应用工程混凝土的抗碳化能力大于对比工程（图 2.17）。

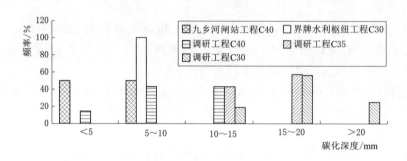

图 2.17　工法应用工程与对比工程混凝土碳化深度比较

2. 电通量

南京市九乡河闸站工程和界牌水利枢纽工程混凝土电通量总体上低于对比工程（图 2.18），说明应用工程混凝土的密实性能大于对比工程。

3. 氯离子扩散系数

南京市九乡河闸站工程和界牌水利枢纽工程混凝土氯离子扩散系数总体上低于对比工程（图 2.18），说明应用工程混凝土的密实性能大于对比工程。

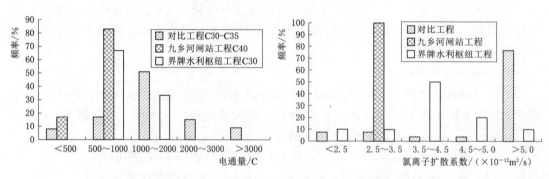

图 2.18　工法应用工程与对比工程混凝土
电通量比较

图 2.19　工法应用工程与对比工程氯离子
扩散系数比较

4. 空气渗透系数

表 2.47 给出了 9 组构件空气渗透系数测试结果的统计参数，以及各组构件表面质量等级评价结果。由表 2.47 可见，界牌水利枢纽和九乡河闸站工程的闸墩、站墩等构件表面混凝土空气渗透系数较低，表明混凝土表面密实性较好，也是混凝土有良好抗碳化能力的原因所在。

表 2.47　　　　　　　　9 组构件空气渗透系数与表面质量等级评价

工程名称	部位	强度等级	测试龄期/d	空气渗透系数几何均值/($\times 10^{-16} m^2$)	模板类型	质量等级评价（占测区的百分比）/%				
						很好	好	中等	差	很差
界牌水利枢纽工程	流道站墩	C30	90～160	0.062	1	50.0	44.4	5.6	0	0
	闸墩		120～140	0.092	1	0	50.0	44.5	5.5	0
九乡河闸站工程	闸墩	C40	90～110	0.083	1	13.0	42.6	40.7	0	3.7
	站墩			0.015	1					
	翼墙和导流墩			0.223	1					
JBSB	站墩	C25	150	0.946	2	0	37.5	37.5	25.0	0
ZHZ	闸墩	C30	35	3.587	1	0	15.3	40.0	38.0	6.7
XGHQ	箱梁	C50	30～50	1.015	1	0	0	73.3	26.7	0
XGZ	闸墩	C30	110	1.493	1	0	13.0	35.0	52.0	0
YDTZ	闸室墙	C30	180	17.577	2	0	0	0	30.0	70.0
FSZ	站墩	C30	220	2.550	1	0	5.7	34.3	34.3	25.7

注　模板类型一栏中 1 表示胶合板，2 表示钢模板。

第3章 低渗透高密实表层混凝土施工工法

3.1 工法的形成

3.1.1 工法形成原因

1. 混凝土耐久性不良原因

混凝土是使用最广泛的建筑材料，混凝土除了满足设计要求的力学性能外，还应具有良好的耐久性，以满足工程的安全性和使用寿命要求。然而，众多的工程出现耐久性问题，造成严重经济损失。全世界每年用于混凝土工程修复和重建的费用高达数千亿美元，越来越多的混凝土工程进入修缮期，甚至拆除重建。碳化、氯离子侵蚀、冻蚀、钢筋锈蚀、磨蚀是水工混凝土主要病害，而表层不密实是混凝土劣化速度快的主要内因。

现阶段水利工程大量使用 C25～C40 中低强度等级混凝土，混凝土用水量基本在 $160\text{kg}/\text{m}^3\sim190\text{kg}/\text{m}^3$ 之间，水胶比 0.40～0.55，混凝土拌和用水量大，水胶比相对较高。在混凝土浇筑过程中，水泥、水和骨料中的微细粒子，容易在靠近模板或水平表面聚集，造成表层混凝土含水量高，水胶比大于内部混凝土；如果模板拼缝不严，常会产生漏浆、砂线等缺陷；混凝土浇筑过程中如果气泡不能及时排出来，拆模后混凝土表面出现大量的气孔。

水利工程施工环境相对较差，施工进度较快，混凝土养护常不到位，养护时间常常不足，未能将养护视为一道重要施工工序，而现代混凝土中掺入较多的矿物掺合料，更需要有良好的早期湿养护。混凝土原材料、配合比、施工养护条件相互之间不匹配，混凝土缺少良好的早期湿养护，表层混凝土中的水分不断蒸发，强度增长放慢，混凝土中形成众多的孔隙，且孔径大于 100nm 的多害孔、有害孔增多，而孔径小于 50nm 的无害孔、少害孔变少，从而导致外界腐蚀因子易于向混凝土中渗透扩散，混凝土耐久性不良。

2. 表层混凝土特点

（1）易形成有害孔结构。混凝土用水量较大，混凝土硬化过程中水分蒸发，生成较多的毛细孔隙。在混凝土浇筑与振捣过程中，胶凝材料、水和骨料中的细粒子，容易在靠近模板或水平表面聚集，粗骨料下沉，表层混凝土含有较多的水泥、游离水，水胶比高于内部混凝土，造成表层混凝土的孔隙率增大，渗透性和扩散性加大，Cl^-、CO_2、H_2O 等外界物质更容易通过混凝土表层进入内部。混凝土浇筑拆模后，水分从表面蒸发，在特定气候条件下，水分蒸发前沿可深及混凝土内 40mm～60mm；如果不能及时补充养护水分，用于水泥水化的水量不足，水泥不能充分水化、甚至停止水化，将形成低质量的表层混凝土，生成粗孔隙结构，表层混凝土孔结构不合理，孔径大于 100nm 的有害孔、多害孔增多。混凝土若早期受冻，会使表层混凝土质量下降，增加有害孔和多害孔数量。

（2）易开裂。混凝土拆模后如果养护不及时、不充分，表层混凝土干燥收缩、化学收缩持续增加。同时，这种作用受到内部混凝土的约束，表层混凝土产生拉应力，从而导致表层混凝土开裂，产生浅层的龟裂纹或深层的收缩裂缝，既有肉眼可见的裂缝，又有肉眼不可见的裂缝。

（3）易形成外观缺陷。混凝土浇筑过程中模板表面聚集的气泡不易溢出，混凝土表面生成气孔、砂眼；如果模板漏浆，表面易产生蜂窝、麻面、砂线；如果混凝土过早拆模，混凝土会黏附在模板上而使表面产生起皮麻面甚至缺棱掉角等现象。

（4）大梁底面密实性低。梁底部钢筋密集、主筋数量多且间距小，混凝土浇筑过程中客观上容易造成混凝土被离析，即较大的石子留在钢筋上部，钢筋下部小石子或砂浆多；侧面混凝土表层水分可通过重力作用和振捣棒的振捣压力自上而下经模板缝渗出一部分，而梁底部混凝土中水分渗出较少，造成梁底部混凝土中水分富集程度要高于梁侧面，从而造成梁底混凝土密实性低于梁侧面。

3. 提高表层混凝土耐久性措施

（1）使用优质矿物掺合料，低用水量、低水胶比和中（大）掺量矿物掺合料混凝土配制技术，提高混凝土密实性。

（2）采用内衬透水模板布，混凝土浇筑过程中排除表层的水分和气泡，起到降低表层混凝土用水量和水胶比的作用。

（3）掺入超细矿物掺合料。

（4）推行带模养护技术。

（5）混凝土表面实施封闭涂层。

（6）混凝土表面硅烷浸渍以及涂刷渗透结晶防水材料、纳米硅离子渗透剂。

在提高表层混凝土耐久性的诸多措施中，提高混凝土密实性至关重要。本工法从施工角度实现表层混凝土低渗透高密实，从而提高混凝土耐久性。

3.1.2 工法形成过程

3.1.2.1 研究开发单位、依托科研项目

本工法由江苏省水利科学研究院负责技术指导，江苏省水利建设工程有限公司、南京市水利建筑工程有限公司现场推广应用，总结研究与工程推广应用成果，形成本工法，并被评定为 2017 年江苏省省级工法。

依托科研项目主要有：2013 年江苏省水利科技基金资助项目"低渗透高密实表层混凝土施工技术研究与应用"（2013018 号）、2015 年江苏省水利科技基金资助项目"提升沿海涵闸混凝土耐久性关键技术研究与应用"（2015029 号）、南京市水务科技项目"酸性环境下水务工程混凝土防裂缝防碳化高性能技术研究"。

3.1.2.2 关键技术与鉴定

1. 关键技术

（1）从材料层次提出提高混凝土密实性方法。在混凝土中使用优质水泥，复合掺入矿渣粉、粉煤灰等优质矿物掺合料；掺入抗裂纤维、高性能减水剂；优化骨料颗粒级配，选用空隙率低的粗细骨料；从原材料选择和配合比优化入手降低混凝土用水量和胶凝材料用

量,按照低用水量、低水胶比、中(大)矿物掺合料掺量原则配制混凝土,达到降低混凝土水化热、提高混凝土抗裂性能以及改善混凝土孔结构、降低混凝土孔隙率、提高混凝土抗蚀能力等目的。沿海氯化物环境的浪溅区、水位变化区环境作用等级为Ⅲ-E、Ⅲ-F 的严重腐蚀环境可掺入超细矿渣粉、超细粉煤灰、硅粉等比水泥、粉煤灰、矿渣粉等粉体材料更细的超细粉,优化混凝土胶凝材料颗粒组成,进一步填充混凝土内毛细孔隙,提高混凝土密实性。

(2) 从施工工艺入手提出排除混凝土表面水分、气泡工艺措施。环境作用等级为Ⅰ-C、Ⅲ-E、Ⅲ-F 的混凝土可采用内衬透水模板布,混凝土浇筑过程中因透水模板布具有透水性,在混凝土浇筑过程中可将混凝土表面水分和气泡排出,从而降低表层混凝土的水胶比、提高混凝土密实性;同时,在养护阶段模板布吸收的水分对表层混凝土有良好的保湿养护作用。

(3) 施工过程针对混凝土所处野外环境风速较大的实际情况,适当延长带模养护时间,可使混凝土表面保持良好的湿度条件,提高混凝土养护质量,既防止混凝土产生温度收缩裂缝,又可保证混凝土强度充分发展。混凝土有保温要求时,可采用改进的保温模板,即在上述模板外侧设置保温层,如采用双层胶合板或一层钢质模板一层胶合板,之间夹保温材料,通过温控计算确定保温层品种与厚度。

2. 鉴定情况

"低渗透高密实表层混凝土施工技术研究与应用"验收主要结论:项目系统研究了超细掺合料、防腐蚀附加措施、养护方式对混凝土强度、抗碳化、抗氯盐渗透能力、表面透气性等影响;编制了《沿海水工建筑物低渗透高密实表层混凝土施工质量控制要点》;项目提出了"低渗透高密实表层混凝土施工成套技术"、"沿海水工混凝土空气渗透系数建议控制指标"、混凝土"二优三掺三低一中(大)"的配制技术,具有创新性;研究成果已在如东掘苴新闸下移工程等工程应用,取得较好的技术经济效益,推广应用前景广阔。

3.1.2.3　工法应用

(1) 2009 年金牛山水库泄洪闸下游 1 节翼墙,在混凝土模板内侧粘贴透水模板布,提高了混凝土的表面质量和抗碳化能力。南京水利科学研究院《关于报送南京市七座水库通过除险加固蓄水安全鉴定情况通报的函》(南科坝函〔2009〕1939 号)特别提出"金牛山水库泄洪闸施工中试用了透水模板等新工艺,提高混凝土的密实度、强度、耐磨性,外观上就能明显看出差异,该工艺值得推广"。

(2) 2010 年在通榆河北延太平庄闸施工过程中,选择 3 号闸墩,在混凝土模板内侧粘贴透水模板布浇筑混凝土。

(3) 2015 年 8 月—2016 年 5 月研究成果在如东县刘埠水闸和盐城市大丰区三里闸两座沿海挡潮闸应用。

(4) 2016 年 11 月—2017 年 3 月在南京市九乡河闸站工程应用。

(5) 2023 年 3 月—2023 年 5 月在扬州市江都区通江闸工程应用。

3.1.3　知识产权与相关评价

1. 知识产权

(1) 发明专利"中低强度等级混凝土表层致密化施工方法",专利号为 ZL 2010

1 0211378.8。

（2）实用新型专利"混凝土保温保湿养护模板"，专利号为2009200384330。

（3）计算机软件著作权"水工建筑物高密实表层混凝土施工质量控制软件"，证书号为软著登字第5771863号。

2. 工法衍生标准

编制并颁布实施中国科技产业化促进会团体标准《表层混凝土低渗透高密实化施工技术规程》（T/CSPSTC 111—2022）。

3. 获奖情况

"低渗透高密实化表层混凝土施工技术"获2018年度江苏省水利科技进步二等奖。

4. 先进实用技术

"低渗透高密实化表层混凝土施工技术"入选水利部《2019年水利先进实用技术重点推广指导目录》（证书号 TZ2019042），认定为水利先进实用技术。

5. 工法名称及编号

《低渗透高密实表层混凝土施工工法》获得 2017 年江苏省级工法，工法编号JSSJGF2017—170号

3.1.4 工法意义

本工法能够提高表层混凝土密实性，提高表层混凝土抗 CO_2、Cl^-、H_2O、O_2 等外界介质渗透扩散能力，提高混凝土耐久性，减少运行期维修养护费用，同时消除混凝土施工过程中表面气泡、砂眼、裂纹等施工缺陷，提高了模板的利用次数，具有良好的技术经济效果。

3.2 工法特点、先进性与新颖性

3.2.1 特点

（1）工法采取下述措施提高中低强度等级混凝土表层密实性，实现表层混凝土低渗透高密实化：

1）优选混凝土原材料，选择优质减水剂，优化骨料颗粒级配，掺入抗裂纤维，从材料层次为提高混凝土密实性打下基础。

2）在优先原材料基础上，混凝土配合比采用低用水量、低水胶比、中等矿物掺合料掺量配制技术，提高混凝土自身密实性。

3）混凝土浇筑工艺上改进，环境作用等级为Ⅰ-C、Ⅲ-E、Ⅲ-F的混凝土使用透水模板布，在浇筑过程中排除混凝土中的水分和气泡，降低表层混凝土的水胶比。

4）加强混凝土早期养护，延长带模养护时间，透水模板布吸收的水分以及通过模板上设置的注水孔补充的养护水，对混凝土起到良好的养护作用，能够提高混凝土养护质量。

（2）表层混凝土密实性提高后，外界腐蚀介质不易向混凝土内渗透扩散，从而提高了混凝土抗腐蚀能力。

（3）根据需要，本工法提出在模板上设置保温材料，对混凝土起到保温作用，防止混凝土早期受冻，降低里表温差，避免产生温度收缩裂缝。

（4）混凝土模板内衬透水模板布后，不需要使用脱膜剂；混凝土不直接与模板接触，减少了对模板的损伤，模板重复使用次数增加。

3.2.2　先进性与新颖性

（1）工法使用的保温保湿养护模板，模板布粘贴在常用模板内侧。浇筑过程中混凝土表面的水分和空气通过模板布排出（图3.1），降低表层混凝土水胶比，提高表层混凝土强度、密实性和抗冻性能。

图 3.1　混凝土浇筑水分顺模板流出

（2）从施工工艺入手提出浇筑过程中排除表层混凝土的水分、气泡以及改善养护条件控制方法。混凝土内衬模板布后，能够解决普通模板浇筑的混凝土表面易产生气泡、砂线、收缩裂纹等缺陷，改善了混凝土表面色泽，提高了混凝土外观质量。

（3）工法已在多个国家和省重点水利工程推广应用，与普通模板浇筑的混凝土相比较，表层混凝土强度提高 10MPa～15MPa；应用本工法 5 年的现场混凝土自然碳化深度 0～3.5mm，平均为 0.8mm，而对比混凝土碳化深度为 7.5mm～18.6mm，平均为 14.4mm；刘埠水闸和三里闸应用本工法技术后，混凝土抗氯离子渗透能力得到提高。

与国内外同类工程技术水平相比较，本工法关键技术在水利水电工程行业内处于领先水平。

3.3　适用范围

本工法适用于设计使用年限不低于 50 年的水利、市政、交通、电力等建设工程，位于水位变动区、浪溅区、大气区等部位的主要结构构件。

3.4　工艺原理

3.4.1　混凝土低用水量、低水胶比配制技术

本工法从材料层次提出提高混凝土密实性的材料选用和配合比设计方法。在混凝土中使用优质水泥，复合掺入矿渣粉、粉煤灰等优质掺合料，掺入抗裂纤维、高性能减水剂，选用粒形和级配良好的粗细骨料，从原材料选择和配合比优化入手降低混凝土用水量和胶凝材料用量，按照低用水量、低水胶比和中（大）掺合料掺量原则设计混凝土，达到降低混凝土水化热、提高混凝土抗裂性以及改善混凝土孔结构、降低混凝土孔隙率、提高混凝土抗腐蚀能力等目的。

必要时在混凝土中掺入超细矿渣粉、超细粉煤灰、硅粉等超细粉体材料，优化混凝土

胶凝材料的颗粒组成，进一步填充混凝土内毛细孔隙，提高混凝土密实性。

3.4.2 混凝土模板内衬透水模板布

1. 透水模板布排水、排气作用机理

透水模板布是粘贴在与混凝土接触的模板内壁的一种有机衬里，模板布以聚丙烯纤维（丙纶短纤维）等为主要原料，通过无纺针刺模压成型，一般由过滤层（光面）和透水层（毛面）复合而成。

模板布贴敷于模板内侧，用于排出混凝土拌和物表层多余水分和空气、截留拌和物表层颗粒、提高成型混凝土表观质量的一种纤维集合体，又称渗透可控混凝土模板衬垫。模板布具有大量均匀分布的微小孔隙，混凝土表层（20mm～30mm）中部分水、气泡穿过模板布的表面过滤层进入中间垫料层，气泡在垫料层中逸出，排出的水中大部分沿模板布外沿渗出（图3.2），少部分积聚在垫料层中，而水泥、粉煤灰、矿渣粉等胶凝材料则被截留在模板布内侧混凝土面层，形成一层富含水化硅酸钙的致密硬化层。多余的水分排出后，混凝土表层水胶比从 0.40～0.60 降至 0.25～0.30，提高了混凝土表层强度、硬度、密实性能、耐磨性能、抗裂性能和抗冻性能，减少混凝土渗透性，有效减少砂眼、砂线、气泡、孔洞等混凝土表观缺陷。

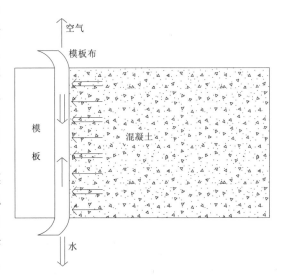

图 3.2　透水模板布工作机理

2. 模板布对混凝土养护作用

在混凝土养护阶段，模板布涵养的水分保持混凝土表面具有一定的湿度，可保证混凝土强度的发展，把裂缝风险降低到最低。

3.4.3 保温保湿养护模板

1. 模板构造

混凝土保温保湿养护模板如图3.3所示，由胶合板或钢质模板、透水模板布和注水孔等组成，混凝土有保温要求时，采用双层胶合板或一层钢质模板一层胶合板，中间夹保温材料。

2. 模板排水透气作用

模板内侧的模板布在混凝土浇筑过程中具有排水和透气作用，将表层混凝土中水分和气泡排出。

3. 模板保温作用

根据需要，本工法提出在模板上设置保温材料，对混凝土起到保温作用，防止混凝土早期受冻，减少混凝土里表温差。

4. 补充养护水

在模板上设置注水孔，在混凝土养护阶段通过手揿式注水泵注入适宜温度的养护水，

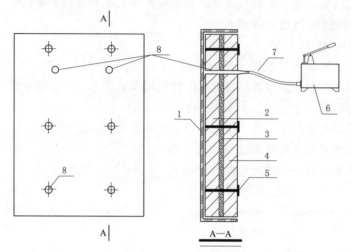

1—透水模板布；2—模板；3—聚乙烯塑料薄膜等保温材料；4—胶合板；
5—连接螺钉；6—手揿式注水泵；7—注水管；8—注水孔

图 3.3　保温保湿养护模板示意图

养护水通过模板布分布于混凝土表面。

3.4.4　保证带模养护时间

（1）水工建筑物一般地处野外，以江苏省为例常年平均风速在 $3m/s$ 左右，如果拆模时间过早，将会引起混凝土表面湿度骤降、混凝土里表温差增加。室内试验也表明，混凝土在 10d 左右拆模后 15h 内收缩会急骤增加 $50\mu\varepsilon\sim70\mu\varepsilon$；同时，过早拆模如果养护条件跟不上，也不利于水泥的早期水化，表层混凝土易形成大的孔结构。

（2）模拟混凝土浇筑、养护情况，现场制作大板试件，混凝土模板分别为胶合板和胶合板内衬模板布，拆模时间对混凝土碳化深度、氯离子扩散系数的影响见图 3.4。图 3.4 表明：

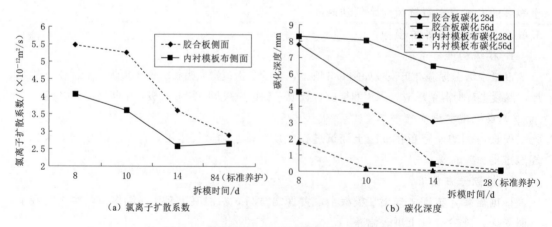

（a）氯离子扩散系数　　　　　　　　　（b）碳化深度

图 3.4　带模养护时间对混凝土耐久性能影响

1）无论是透水模板布侧还是胶合板侧，随着带模养护时间的延长，混凝土氯离子扩散系数和碳化深度总体上降低，14d 拆模的混凝土氯离子扩散系数、碳化深度与标准养护的混凝土基本接近。

2）模板布侧混凝土的氯离子扩散系数和碳化深度比胶合板侧低。

3.5　施工工艺流程与操作要点

3.5.1　工艺设计

（1）现场混凝土可采用施工附加措施进一步提高表层混凝土密实性、降低渗透性能。施工附加措施可在混凝土中掺入超细矿物掺合料、模板内衬透水模板布以及现场混凝土表面涂刷无机水性渗透结晶型材料、表面硅烷浸渍、真空脱水。

（2）内河淡水区设计使用年限为 100 年、沿海氯化物环境设计使用年限为 50 年及以上的大气区、浪溅区、水位变动区构件，混凝土中可掺入超细矿物掺合料。

（3）设计使用年限为 50 年及以上的大气区、浪溅区、水位变动区钢筋混凝土构件，特别是梁、板的底面和排架、柱的侧面，可采用模板内衬透水模板布。

（4）氯化物环境下环境作用等级为严重（D）、非常严重（E）和极端严重（F）级的混凝土表面可涂刷无机水性渗透结晶型材料、表面硅烷浸渍、涂刷纳米硅离子渗透材料等。

（5）构件顶面可采用真空脱水工艺。

3.5.2　工艺流程

以闸墩施工为例，表层混凝土低渗透高密实施工工艺流程见图 3.5，其中，钢筋安装、模板安装、混凝土制备、浇筑、养护等施工工艺流程见图 2.7。

3.5.3　操作要点

3.5.3.1　底板上插筋

底板钢筋安装过程中，根据设计要求将闸墩竖向钢筋插入底板，并与底板内钢筋点焊固定牢固。

3.5.3.2　测量放样

复核导线控制网和水准点。确定闸墩中心、纵横向轴线、闸墩位置线以及闸门埋件位置线，用墨线或红油漆等标记。

3.5.3.3　结合面凿毛清理

在底板闸墩位置线内由人工或凿毛机对底板结合面范围内的混凝土凿毛处理，凿出表面浮浆和松散的混凝土层，用高压水或扫帚将表面清理干净。人工凿毛时混凝土强度应达到 2.5MPa 以上，机械凿毛时混凝土强度应达到 10MPa 以上。

3.5.3.4　钢筋制作安装

钢筋制作安装工艺流程和操作要点见 2.5.2.4 节和图 2.8。

3.5.3.5　模板安装

模板安装分为普通模板安装和内衬透水模板布安装。

1. 普通模板安装

普通模板安装工艺流程和操作要点见 2.5.2.5 节。

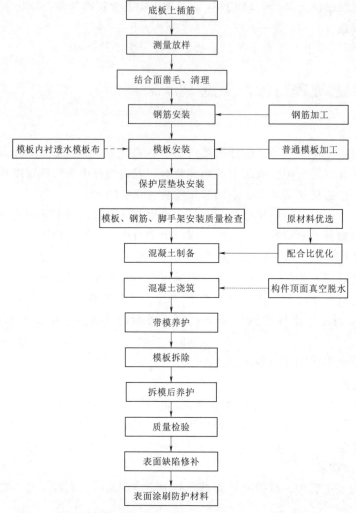

注：——→ 表示可选择的工艺。

图 3.5　闸墩表层混凝土低渗透高密实施工工艺流程图

2. 模板内衬透水模板布

（1）工艺流程。宜逐块模板粘贴透水模板布，并逐块安装。模板上粘贴透水模板布工艺流程见图 3.6。

（2）模板布粘贴操作要点。

1）模板整理。钢模板用钢丝刷、磨光机除锈、清理干净，胶合板表面用铲刀清理干净（图 3.7），做到模板表面无杂物、干净、干燥。检查模板表面平整度，表面无突出或凹陷，不平整部位进行处理。模板四边无缺角、损伤，否则，应进行修补处理，以保证模板之间拼接平整。木模制作的异形模板表面需用水泥掺 901 胶等材料批腻子打磨处理。

2）裁剪模板布。按照模板尺寸裁剪模板布，模板边缘四周预留 5cm～8cm。裁剪好的模板布应卷起妥善放置，不应随意折叠、踩压，保持模板布平滑无折痕。

3）喷或涂刷胶水。向模板上喷涂或人工刷胶水（图 3.8），将胶水均匀地涂刷于模板表面及四边，胶水不应过厚，用量 $50g/m^2 \sim 100g/m^2$。

4）粘贴模板布。用手指接触模板上涂刷的胶水有黏性时即可粘贴模板布。粘贴时，适度拉紧模板布，将模板布的毛面粘贴于模板上，可按从一边到另一边，从中间向两边展开压实、均匀铺贴，确保模板布表面无皱褶；如有皱褶，可将模板布掀起，重新粘贴。异型模板、曲面模板上粘贴模板布时更应仔细操作，模板布应平顺，无折皱存在，以免影响混凝土外观质量。

（3）模板布搭接处理。同一块模板如需粘贴多张模板布时，搭接接头宽度不宜少于 5cm；搭接部位胶水用量略为增加。

（4）模板布与模板四边固定。宜将模板布粘贴到钢模板四周的拼接肋上，木模板或胶合板可用钉子将模板布固定在模板的四边，以加强模板布与模板的黏结（图 3.9），也是保证表层混凝土中水顺利排出关键工序。多余的模板布切除（图 3.10）。

（5）模板布上对拉螺杆孔开孔。对拉螺杆穿模板布需要开孔（图 3.11），开孔直径宜大于螺杆直径 10mm 或孔眼直径 10mm，防止紧固螺杆时扰动模板布；孔四周应多喷点胶水，防止浇筑时混凝土通过孔边缝隙进入模板布与模板之间间隙。

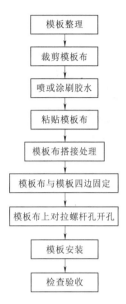

图 3.6 模板上粘贴透水模板布工艺流程

图 3.7 模板表面清理

图 3.8 模板表面喷涂胶水

图 3.9 模板布张贴后模板四边用小钉固定

图 3.10 切除模板四边多余的模板布

图 3.11　对拉螺杆孔穿模板布开孔

（6）模板安装。模板布粘贴完毕，再次检查表面是否平整、有无皱褶，如存在上述问题，需及时处理。模板应存放在能够防晒、防雨、防火的地方，防止暴晒、雨淋造成模板变形、模板布脱胶鼓起或者起皱，严禁在贴好的模板布表面踩踏。模板布表面不需再涂刷脱模剂。

模板可按正常的施工步骤进行安装，模板安装前再次检查模板布粘贴情况，发现模板变形以及模板布起皱、脱胶等情况应及时处理。模板安装前先将保护层垫块固定牢固，保证保护层厚度。模板安装时底口一次到位，避免多次调整底口模板造成模板布起皱或损坏。

为防止模板布在安装时被钢筋等硬物刺破，模板安装宜现场逐块拼装。

模板安装过程中发现模板布局部破损面积不大于 $0.5m^2$，可将其裁下，采用新模板布补贴，注意补贴不应采用满贴胶做法，应采用竖向花条粘或点粘方式，以保证排水、排气通畅。

3.5.3.6　混凝土制备

1. 原材料选用

（1）混凝土配合比设计阶段，根据混凝土性能要求和所处环境条件，选择有利于降低混凝土用水量、降低混凝土水化热及其温升、降低混凝土收缩、提高体积稳定性的原材料。

（2）设计使用年限为 100 年及以上，处于Ⅲ-E、Ⅲ-F 环境作用等级的混凝土，可在混凝土中掺入超细掺合料，如磨细的超细矿渣粉、超细粉煤灰、硅灰等。

2. 配合比优化

低渗透高密实化混凝土宜采用较低用水量、较低水胶比的矿物掺合料混凝土配制技术，混凝土配合比优化方法，详见 2.5.2.8 节。

3. 混凝土生产

混凝土浇筑前应储备足够原材料以保证混凝土连续生产，水泥进场后宜有 7d 以上的储存期，混凝土生产时水泥的温度不宜高于 60℃，避免因水泥温度过高与减水剂适应性变差，混凝土坍落度损失加快。

混凝土生产工艺流程详见 2.5.2.8 节。

3.5.3.7　混凝土浇筑

1. 浇筑准备

混凝土浇筑前进行下列准备工作：

1）根据待浇筑结构物的结构特点、环境条件及浇筑量等制定浇筑工艺方案，工艺方案应对施工缝设置、浇筑顺序、浇筑工具、防裂措施、保护层厚度控制等作出明确规定，提出保证混凝土均匀性、连续性和密实性的措施。

2）混凝土结合面应凿毛清理干净。

3）仓内杂物、积水应清理干净，模板缝隙、孔洞应堵塞严密。

4）模板、钢筋、止水片（带）、预埋件安装等工序质量应验收合格。

5）大风天气宜设置挡风设施。

2. 工艺流程

混凝土现场浇筑施工应符合《水工混凝土施工规范》（SL 677—2014）、《水闸施工规范》（SL 27—2014）、《泵站施工规范》（SL 234—1999）的规定。

混凝土低渗透高密实化浇筑工艺流程，与高性能混凝土施工一致，详见2.5.2.9节。

选择有经验的振捣工进行混凝土振捣，混凝土不要过振，振动棒避免碰到模板和钢筋，与模板距离10cm～15cm，防止损坏模板布。

3.5.3.8 构件顶面真空脱水

构件顶面真空脱水施工工艺流程见图3.12。

（1）工艺试验。确定最大真空度、脱水时间、脱水率等参数。

（2）吸水操作准备。真空系统安装与吸水垫放置位置，应便于混凝土摊铺与面层脱水，不应出现未经吸水的脱空部位。相邻两次抽吸区间宜有100mm～200mm的搭接。

（3）真空脱水作业。遵守下列规定：

1）混凝土浇筑时应预留超高10mm～30mm。

2）宜在振动刮平15min后进行真空脱水。混凝土表面铺放真空吸水垫，并拉平。

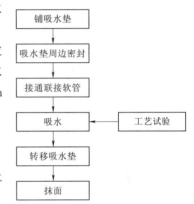

图 3.12 构件顶面真空脱水
施工工艺流程

3）宜采用先低真空度、后高真空度的变真空工艺；当达到要求的真空度、开始正常出水后，真空度应保持稳定，最大真空度不宜超过 0.085MPa。

4）真空泵启动后 3min 内真空度达不到要求时，应检查联接软管、接头和吸水垫的密封状况，并及时处理。

5）混凝土真空脱水时间可取吸水深度（mm 计）的 0.1 倍，且不宜大于 10min～15min；或根据经验观察混凝土表面的水分明显被吸干，用手指压上只留有轻微的痕迹，即可认为达到真空脱水时间。达到脱水时间和脱水量时，宜逐渐减少真空度。

6）真空脱水过程应连续进行，若发现吸水垫内局部水体移动不畅时，可间歇、短暂地掀起邻近局部密封边，借助渗入少量空气，使混凝土表层水体正常移动。

7）真空脱水过程中不宜临时关停真空泵或掀起密封边。因故关停真空泵后在继续进行真空脱水前，可在吸水垫四周密封边外抹一层水泥浆恢复密封状态。

8）每个工作班作业完毕，应将吸水垫及过滤布用水冲洗干净。

9）吸水过程中应经常检查真空泵的运行情况，检查各个阀门、联接软管、接头、真空吸水垫四周是否漏气；操作人员不应在吸水垫上行走；避免与带尖角的硬物接触。

（4）真空脱水后，宜采用圆盘式抹光机进行抹面处理，再用叶片式抹光机抹平，或人工压实、抹平。抹平过程中不应加水泥砂浆面层。

（5）混凝土抹面完毕应进行养护。

（6）真空脱水混凝土宜按照《水工混凝土试验规程》（SL/T 352—2020）的规定检测混凝土拌和物的真空脱水率、硬化混凝土的强度和耐久性能。

（7）真空脱水作业过程中应记录吸水面积、真空度、吸水时间和吸出水量等。

3.5.3.9　混凝土养护

低渗透高密实表层混凝土养护包括带模养护和拆模后的养护两个阶段，工艺流程与高性能混凝土施工一致，详见 2.5.2.10 节和 2.5.2.12 节。

3.5.3.10　模板拆除与模板布重复使用

1. 模板拆除

模板的拆除顺序和方法，应按照模板配板设计的规定进行。设计未具体规定的，应遵循先支后拆、后支先拆、自上而下进行。模板拆除不应硬撬、硬砸，防止对构件棱角造成损伤。

2. 模板布重复使用

每次混凝土浇筑完毕拆模后，要及时清洗模板布。可用工业清洁剂，利用滚轴或者喷头持续清洗 3min～5min，再用水喷头冲洗模板。

如果发现水泥浆已经堵塞排水层，模板布不能再次使用。

3.5.3.11　质量检查

混凝土结束养护后，应进行混凝土外观质量检查，并形成检查记录。

3.5.3.12　质量缺陷处理

混凝土施工缺陷应进行处理，应制定专项处理方案。混凝土缺陷处理力求表面平整、色泽一致、无明显可见的修补痕迹。

混凝土缺陷处理工艺流程详见 2.5.2.14 节。

混凝土内衬透水模板布的混凝土表面颜色深于普通模板浇筑的混凝土，表面修补砂浆、混凝土应进行调色处理，先对比试验再进行修补处理。

3.5.3.13　表面涂刷水性渗透结晶防腐材料

混凝土表面涂刷水性渗透结晶防腐材料后，向混凝土内渗透扩散，渗透到混凝土内部 30mm～50mm，跟混凝土中的钙离子发生化学反应，生成水化硅酸钙结晶体充分填充到混凝土内部孔隙和细微裂缝，使混凝土致密性更好，从而阻止混凝土碳化反应进行。无机水性渗透结晶型材料施工和质量验收应遵守《无机水性渗透结晶型材料应用技术规程》（T/CECS 848—2021）的规定。

构件表面喷涂水性渗透结晶防腐材料工艺流程见图 3.13。

1. 表面清理

清除基层表面的残渣、浮渣等杂质，用高压水或打磨机将混凝土表面清理干净。

2. 喷涂水性渗透结晶防腐材料

喷涂水性渗透结晶防腐材料工艺为"三水二喷"，即在基层处理合格后，先喷 1 遍水，无水迹后喷 1 遍水性渗透结晶防腐材料；等待水性渗透结晶防腐材料表干后，再喷第 2 遍水，无水迹后喷 2 遍水性渗透结晶防腐材料；第 2 遍水性渗透结晶防腐材料表干后再喷第 3 遍水。

现场将水性渗透结晶防腐材料摇匀后倒入喷雾器内。喷涂时，速度要缓慢、均匀，分2遍喷完，2遍喷完用量宜为$300ml/m^2$。2遍的时间间隔1h以上。

3.5.3.14 表面喷涂纳米硅无机防腐材料

构件表面喷涂纳米硅无机防腐材料工艺流程见图3.14。

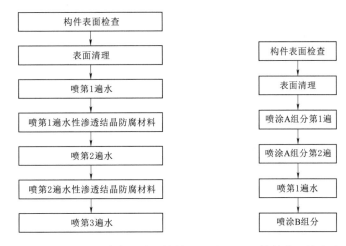

图 3.13　构件表面喷涂水性渗透结晶 图 3.14　构件表面纳米硅无机防腐
防腐材料施工工艺流程　　　　　材料施工工艺流程

1. 表面清理

清除基层表面的残渣、浮渣等杂质，用高压水或打磨机将混凝土表面清理干净。

2. 喷涂 A 组分

将材料摇匀后倒入喷雾器内。喷涂时，速度要缓慢、均匀，分2遍喷完，2遍喷完用量宜为$300mL/m^2$。2遍的时间间隔1h以上，A 组分能够深入渗透到混凝土内部，密实孔隙，提高混凝土自防腐、自防渗能力。

3. 喷一遍水

A 组分表面干后，用喷雾器喷一遍水，促进 A 组分向混凝土内渗透。

4. 喷涂 B 组分

24h 后，待基面干燥至面干无明水状态时，喷涂 B 组分，用量$250mL/m^2$。将 B 组分摇匀后加入到喷雾器中，喷涂时速度要缓慢、均匀，基面需达到湿润状态，吸收过快需进行补喷，防止漏喷、多喷。

5. 检查测试

施工后24h，表面会有光泽度，手摸上去会有油腻感，表面具备明显的疏水效果。将少量水倒在表面上，水在表面形成水珠，表明材料已发挥作用，防护层已形成，表层混凝土内形成 CSH 结晶体。

3.5.4　施工组织

钢筋安装、模板安装和混凝土生产与运输等施工组织与常规混凝土相同，混凝土浇筑施工1个工作班组人员安排见表2.3，低渗透高密度表层混凝土有关工序施工1个班组人员安排见表3.1。

表 3.1　　　　　低渗透高密实表层混凝土有关工序施工 1 个班组人员安排

工　种		单位	数量	职　责
技术员		名	1	现场技术管理
内衬透水模板布施工	模板布粘贴工人	名	4～6	胶水刷涂，布粘贴
	吊车驾驶员、司索员	名	2（根据需要）	驾驶吊机司索员指挥吊运模板
	模板安装工人	名	8～12	负责模板安装
硅烷浸渍	表面处理	名	2～4	负责表面处理
	辊涂/喷涂	名	2～4	负责硅烷浸渍施工
无机水性渗透结晶型材料	表面处理	名	2～4	负责表面处理
	喷涂	名	2～4	负责喷涂施工

3.6　材料与设备

3.6.1　原材料

1. 基本要求

混凝土配合比设计阶段，根据混凝土性能要求和所处环境条件，选择有利于降低混凝土用水量、降低混凝土水化热及其温升、降低混凝土收缩的原材料，选用满足新拌混凝土水胶比、用水量、工作性能、含气量等控制要求的原材料，且不应含有影响混凝土工作性能、力学性能、耐久性能的有害成分、杂质。

混凝土原材料的质量应符合现行国家标准以及有关行业标准的规定。原材料进场应提供型式检验报告、出厂检验报告、合格证等质量证明文件。使用前应对原材料的质量进行抽样检验。

2. 品质要求

（1）水泥。选择 42.5、52.5 硅酸盐水泥或普通硅酸盐水泥；比表面积不宜大于 $380\text{m}^2/\text{kg}$，标准稠度用水量不宜大于 28%；其他性能指标应符合《通用硅酸盐水泥》（GB 175—2023）的规定。混凝土拌和时水泥温度不宜高于 60℃。

（2）粉煤灰。宜选用 F 类 I 级灰，或烧失量不大于 5.0%、需水量比不大于 100% 的 F 类 II 级灰。其他性能应符合《用于水泥和混凝土中的粉煤灰》（GB 1596—2017）的规定。不应使用脱硫灰、脱硝灰、磨细灰、原状灰。粉煤灰中氨含量检测按《水泥砂浆和混凝土用粉煤灰中可释放氨检测技术标准》（T/CECS 1032—2022）的规定执行。

（3）磨细矿渣粉。宜选用符合《用于水泥和混凝土中的粒化高炉矿渣粉》（GB/T 18046—2017）中规定的 S95 级矿渣粉。磨细矿渣粉的比表面积宜小于 $450\text{m}^2/\text{kg}$。

（4）超细掺合料。设计使用年限为 100 年及以上、处于 III-E、III-F 的严重腐蚀环境下的混凝土，可在混凝土中掺入超细掺合料，如磨细的超细矿渣粉、改性硅灰等。

（5）细骨料。宜选用质量符合《建设用砂》（GB/T 14684—2022）中 I 类细骨料，设计使用年限为 50 年及以下的混凝土可使用 II 类细骨料；细骨料应质地坚硬密实，粒形和级配良好；选用细度模数 2.5～3.1 的 2 区中砂；机制砂的亚甲蓝值不宜大于 1.0 g/kg，天然砂的含泥量不宜大于 2.0%；饱和面干吸水率不宜大于 2.0%，松散堆积空隙率不宜大于 42%；钢筋混凝土用细骨料的氯离子含量不应大于 0.02%，预应力混凝土用细骨料的氯离子含量不应大于 0.01%；其他指标应符合《水工混凝土施工规范》（SL 677—2014）的规定。

（6）粗骨料。宜选用质量符合《建设用卵石、碎石》（GB/T 14685—2022）中Ⅰ类粗骨料，设计使用年限为 50 年及以下的混凝土可使用Ⅱ类粗骨料；粗骨料应质地坚硬密实，不应含风化石、软弱颗粒；宜使用单粒级石灰岩碎石 2 级配或 3 级配混合配制，形成连续级配；钢筋混凝土中粗骨料最大粒径宜符合表 3.2 的规定；针片状颗粒含量不大于 10%，含泥量不宜大于 0.5%，饱和面干吸水率不宜大于 1.5%；表观密度不宜小于 2600kg/m³，松散堆积密度应大于 1500kg/m³，松散堆积空隙率不宜大于 43%；其他指标应符合《水工混凝土施工规范》（SL 677—2014）的规定。

表 3.2 　　　　　　　　　　**钢筋混凝土中粗骨料最大粒径** 　　　　　　　单位：mm

序号	环境作用等级	环境类别	钢筋的保护层厚度						
			25	30	35	40	45	50	≥55
1	Ⅰ-A、Ⅰ-B	一、二	20	25	25	31.5	31.5	31.5	40
2	Ⅰ-C、Ⅱ-C、Ⅱ-D、Ⅱ-E	二、三、四、五	16	20	25	25	31.5	31.5	31.5
3	Ⅲ-C、Ⅲ-D、Ⅲ-E、Ⅲ-F、Ⅳ-C、Ⅳ-D、Ⅳ-E、Ⅴ-C、Ⅴ-D、Ⅴ-E	三、四、五	16	16	20	20	25	25	31.5

注 　1. 环境作用等级划分见《混凝土结构耐久性设计标准》（GB/T 50476—2019），环境类别划分见《水工混凝土结构设计规范》（NB/T 11011—2022）、《水工混凝土结构设计规范》（SL 191—2008）、《水利水电工程合理使用年限及耐久性设计规范》（SL 654—2014）。
　　2. 混凝土中掺入合成纤维时，粗骨料最大粒径不宜大于 25mm。
　　3. 高性能混凝土中粗骨料最大粒径符合第 2 章表 2.4 的要求。

（7）外加剂。外加剂品种与掺量应根据混凝土原材料质量、使用要求、施工条件和服役环境，通过试验确定；宜优先选用聚羧酸高性能减水剂，有抗冻要求的混凝土应使用引气剂或引气减水剂。外加剂的性能指标应符合《混凝土外加剂》（GB 8076—2008）的规定，其中减水剂的减水率不宜小于 25%，28d 收缩率比不宜大于 110%。

（8）纤维。合成纤维宜选用聚丙烯腈抗裂纤维、聚丙烯纤维，品质应符合《纤维混凝土应用技术规程》（JGJ/T 221—2010）、《水工纤维混凝土应用技术规范》（SL/T 805—2020）的规定，且抗拉强度不宜小于 450MPa，初始模量不宜小于 4500MPa，断裂伸长率不宜大于 30%。

（9）硅烷。混凝土表面喷涂硅烷，吸入表层数毫米，与混凝土中 Ca(OH)$_2$ 反应，使毛细孔憎水或填充部分毛细孔，表面呈荷叶反应，氯离子进入混凝土内部的迁移速率降低。

表面硅烷浸渍材料宜选用辛基、异丁基等硅烷材料，结构的水平面可采用液体硅烷材料，侧面或仰面宜采用膏体硅烷材料；硅烷材料的质量应符合《水运工程结构耐久性设计标准》（JTS 153—2015）的规定。设计使用寿命一般为 10 年～20 年。硅烷质量指标应符合表 3.3 的规定，硅烷保护性能应符合表 3.4 的规定。

表 3.3　　　　　　　　　　　　硅 烷 材 料 质 量 指 标

项 目	异辛基三乙氧基硅烷（膏状）	异丁基三乙氧基硅烷（液体）
硅烷含量/%	≥80	≥98
硅氧烷含量/%	≤0.3	≤0.3
可水解氯化物含量/%	≤0.01	≤0.01

表 3.4　　　　　　　　　　　　硅烷浸渍保护性能要求

项 目	普通混凝土	高性能混凝土
混凝土吸水率/(mm/min$^{1/2}$)	≤0.01	≤0.01
硅烷渗透深度/mm	≥3	≥2
硅烷抗氯离子渗透性/%	≥90	≥90

（10）无机水性防水结晶材料。质量应符合《无机水性渗透结晶型材料应用技术规程》（T/CECS 848—2021）的规定。

（11）纳米硅无机防腐材料。由 A 组分（底涂）和 B 组分（面涂）构成，A 组分对成型混凝土具有一定深度的渗透性，能渗入混凝土深层形成结晶体，密封毛细孔道和细小裂纹；B 组分能渗入混凝土表面形成致密防护层，让表面具有显著的疏水效果，有效阻隔外部侵蚀介质的进入，但不会改变混凝土的外观特征及透气性能。产品性能符合《混凝土耐久防护用水性渗透型无机复合材料应用技术规程》（T/GDCAA 001—2021）

3.6.2　混凝土

1. 基本要求

（1）混凝土应满足设计强度要求，并根据混凝土工作条件、服役环境，分别满足抗碳化、抗氯离子渗透、抗冻、抗渗等耐久性能要求。

（2）有温度控制要求的混凝土应有良好的体积稳定性和低热性。

（3）现场表层混凝土应具有良好的密实性能。

2. 拌和物性能

（1）混凝土拌和物应具有良好的和易性，且坍落度、扩展度、坍落度经时损失和凝结时间等拌和物性能应满足设计和施工要求。在满足施工工艺要求的前提下宜采用较低的坍落度。

（2）有温度控制要求的混凝土入仓温度应符合设计规定；设计未明确要求的，入仓温度按照有关国家或行业标准执行，一般不宜大于 28℃。

（3）有抗冻要求的混凝土拌和物含气量应符合 2.6.2 节和表 2.5 的要求。

3. 力学性能

（1）混凝土各个龄期的力学性能应满足设计要求。

（2）现场混凝土抗压强度检验结果应满足设计要求。

4. 耐久性能

混凝土碳化深度、抗氯离子渗透性能、抗冻等级、抗渗等级、抗硫酸盐等级、早期抗裂性能、收缩率等应符合 2.6.2 节的规定。

5. 密实性能

混凝土密实性能用氯离子扩散系数或电通量表征时，符合下列规定：

（1）氯化物环境下的混凝土密实性能控制指标应满足表 2.7 的规定。

（2）内河淡水区混凝土密实性能控制指标宜满足表 2.8 的规定。

6. 有害物质含量控制

（1）混凝土总碱量。混凝土拌和物中最大碱含量应不大于表 2.9 的规定。

（2）混凝土中水溶性氯离子含量。混凝土拌和物中水溶性氯离子最大含量应不大于表 2.10 的规定。

（3）混凝土中三氧化硫最大含量应不大于胶凝材料总量的 4.0％。

（4）骨料应进行碱活性检验，具有碱活性的骨料不宜使用，否则应进行碱活性抑制试验，保证混凝土在服役期间不发生碱骨料反应。

（5）严禁使用钢渣骨料。

7. 配合比参数

C30～C50 混凝土配合比参数见 2.6.2 节。

3.6.3 模板

（1）模板。为工程施工中常用的胶合板、木模板、钢模板等。

（2）透水模板布。透水模板布基本技术要求应符合《混凝土工程用透水模板布》（JT/T 736—2015）的规定，见表 3.5。

表 3.5 透水模板布主要技术参数

序号	项 目		技术要求
1	常压下单位面积质量/(E_1，g/m²)		$280 \leqslant E_1 \leqslant 380$
2	厚度（2kPa 压应力作用下）	平均值/mm	$\geqslant 1.0$
3		偏差/％	$\leqslant \pm 15$
4	分别在 2kPa、200kPa 压力作用下厚度压缩比 ΔH/％		$30 \leqslant \Delta H \leqslant 50$
5	吸水率（20℃的水中浸泡 12h）/％		$\geqslant 90$
6	等效孔径 O_{50}/μm		$\leqslant 40$
7	拉伸强力/N		纵向：$\geqslant 500$，横向：$\geqslant 500$
8	胀破强力/N		$\geqslant 1300$
9	刺破强力/N		$\geqslant 300$
10	梯形撕破强力/N		$\geqslant 250$
11	透气性指标	透气量 I/[m³/(m²·s)]	$1.0 \times 10^{-12} \leqslant I \leqslant 2.0 \times 10^{-12}$
12		偏差率 ΔI/％	$\leqslant 15$
13	垂直渗透系数 K/(cm/s)		$1.0 \times 10^{-4} \leqslant K \leqslant 10 \times 10^{-4}$
14	最大负载下伸长率/％		纵向：$\leqslant 115$，横向：$\leqslant 115$
15	抗紫外线性能（紫外线辐射 96h 后的拉伸强力）/N		纵向：$\geqslant 475$，横向：$\geqslant 450$
16	抗氧化性能（110℃烘箱中 96h 后的拉伸强力）/N		纵向：$\geqslant 400$，横向：$\geqslant 350$
17	抗碱性能（60℃饱和氢氧化钠溶液中浸泡 72h 后的拉伸强力）/N		纵向：$\geqslant 500$，横向：$\geqslant 500$

（3）保温保湿养护模板。根据需要，混凝土有早期防冻或抗裂要求时，可采用 2 层模板，2 层模板之间夹保温材料，保温材料的厚度根据温控设计确定。制作保温保湿养护模板除混凝土常规施工使用的胶合板、木模板、钢模板等材料外，需要的材料还有：透水模板布，模板专用气雾胶黏剂，模板侧边固定小铁钉，塑料薄膜等保温材料等。

3.6.4　设备

（1）模板制作安装设备：剪刀、铲刀、钢直尺、钢丝刷、磨光机、抹布、小锤、电钻、木工电锯、手揿式注水泵等。

（2）模板吊装设备：汽车起重机、手拉葫芦等。

（3）混凝土浇筑设备。常规混凝土浇筑施工所需机具设备，如振动棒、溜管、溜槽等。

（4）主要检测设备。混凝土保护层厚度测定仪、钢直尺、混凝土回弹仪等。

3.7　质量控制

3.7.1　一般要求

（1）根据《大体积混凝土施工标准》（GB 50496—2018）、《水闸施工规范》（SL 27—2014）、《水工混凝土施工规范》（SL 677—2014）和《表层混凝土低渗透高密实化施工技术规程》（T/CSPSTC 111—2022）的规定，编制表层混凝土低渗透高密实化施工方案，并履行有关的审批手续。

（2）有温控要求的混凝土，应根据工程环境特点、结构特点编制混凝土温控方案，必要时组织温控方案论证。

（3）混凝土施工宜对试验室配合比进行工艺性试浇筑和首件认可检查。

（4）对模板制作安装、混凝土浇筑等施工人员进行培训，并保持相对固定，当需要增加新工人或更换工人时，应先培训再上岗，保证施工作业的正确性。

（5）混凝土抗冻、抗渗、碳化、氯离子扩散系数、电通量、非接触式早期收缩、早期抗裂试验等，按《普通混凝土长期性能和耐久性能试验方法标准》（GB/T 50082—2008）或《水工混凝土试验规程》（SL/T 352—2020）的规定进行试验。

（6）现场混凝土表面透气性能质量等级划分、空气渗透系数控制指标见表 2.13 和表 2.14。

3.7.2　执行的标准

低渗透高密实表层混凝土施工遵循的标准，包括材料标准、施工规范、验收评定规范等，除执行表 2.15 所列标准外，还应执行下列标准：

《表层混凝土低渗透高密实化施工技术规程》（T/CSPSTC 111—2022）；

《混凝土工程用透水模板布》（JT/T 736—2015）；

《无机水性渗透结晶型材料应用技术规程》（T/CECS 848—2021）；

《水运工程结构耐久性设计标准》（JTS 153—2015）。

3.7.3　关键工序质量控制要求

本工法关键工序为内衬透水模板布粘贴、养护（带模养护和拆模后的养护）、硅烷浸渍、喷涂无机水性防水材料等，关键工序质量控制除按 2.7.2 节的要求执行外，还需做好以下工序质量控制：

（1）混凝土带模养护时间，内河淡水环境设计使用年限为 50 年和 100 年的混凝土分别不宜少于 10d、14d，沿海氯化物环境设计使用年限为 50 年及以上的混凝土不宜少于 14d，带模养护期间还宜松开模板，补充水分；同时在气温 5℃ 以上的天气，现场宜设置喷雾装置。

（2）拆模后宜采用覆盖节水养护膜、喷涂养护剂、覆盖复合土工膜等材料保湿养护，或现场喷雾养护。

（3）采用硅烷浸渍时，水平面可采用液体硅烷，仰面和垂直面宜采用膏体硅烷，分 2 次喷涂，且应纵横交错辊涂，气孔、微裂缝处更应多次涂刷。

（4）表面喷涂无机水性防水材料时，施工应在 5℃～35℃ 环境下进行，露天施工不应在雨天、雪天、五级及以上风力的环境条件下作业。

3.7.4 技术措施与方法

（1）施工单位应根据设计和有关标准的规定，制定表层混凝土低渗透高密实化施工方案，并履行有关的批准手续。

（2）表层混凝土低渗透高密实化施工技术措施与方法除执行 2.7.3 节的要求外，还需采取以下技术措施：

1）选择有利于降低混凝土用水量的原材料。

2）优化配合比设计，采用低用水量、低水胶比、中等（大）矿物掺合料掺量配制技术。

3）模板内衬透水模板布，进一步提高表层混凝土密实性。

4）保证混凝土带模养护时间。

5）必要时实施表面硅烷浸渍、喷涂纳米硅离子防渗材料和无机水性渗透结晶材料、顶面真空吸水。

3.7.5 质量控制标准

1. 钢筋与模板制作安装

钢筋制作安装、模板制作安装应符合《水工混凝土施工规范》（SL 677—2014）的规定，质量检验评定应符合《水利工程施工质量检验与评定规范》（DB32/T 2333—2013）的规定。

钢筋与模板制作安装质量控制标准见 2.7.4 节。

2. 透水模板布粘贴质量控制要点

（1）对施工人员进行培训，保证施工作业的正确性。

（2）在进行首次施工作业时，在专业技术人员的指导下进行粘贴模板布、模板安装和混凝土浇筑。

（3）选用合格的透水模板布。

（4）模板布粘贴后应进行验收，验收内容主要包括布接缝搭头是否密贴模板、有无空鼓脱胶和褶皱现象、模板布排水通道是否畅通、对拉螺杆孔等开洞部位布是否粘贴好、模板安装时是否会导致模板布损伤、保温材料是否按设计要求设置等，验收合格后模板保存在通风、防雨、防晒、防火的地方。

（5）模板安装前应对模板布粘贴质量进行复检，复检合格后方可进行安装。

（6）应分块进行模板安装，防止因安装不当造成模板布脱胶、起皱、破损等。

（7）模板安装后应尽快进行混凝土浇筑施工。混凝土浇筑前对模板布粘贴质量进行复查，若发现有脱胶、起皱或破损现象应进行处理，处理合格后方可进行混凝土浇筑。

3. 混凝土温度控制

（1）混凝土入仓温度应符合设计要求，或符合监理工程师批准的施工方案。设计未规定的，入仓温度不宜大于 28℃。夏天宜对骨料进行遮阳，骨料的温度不宜高于 30℃，拌和水的温度不宜高于 20℃。

（2）混凝土内部最高温度不宜大于 65℃，且温升值不宜大于 50℃。混凝土内部温度与表面温度之差不宜大于 25℃，表面温度与环境温度之差不宜大于 20℃，混凝土表面温度与养护水温度之差不宜大于 15℃。混凝土内部温度降温速率不宜大于 2℃/d～3℃/d。

4. 现场混凝土成品质量

现场混凝土质量应符合表 2.18 的要求。

3.7.6　透水模板布粘贴施工常见质量问题及控制措施

3.7.6.1　褶皱现象

1. 现象描述

模板表面不平整或布边角被拉扯，在混凝土浇筑后表面留下褶皱纹路。

2. 控制措施

模板表面清理时对不平整处实施打磨或刮腻子找平；粘贴模板布时宜选择晴好天气，胶水喷涂均匀。先固定好模板布位置，然后由中心向四周展开压实，确保模板布密贴在模板表面；模板布固定于模板四边侧面；同一块模板尽可能使用一个整幅的模板布，如需搭接需保证搭接宽度，搭接接头处用胶粘贴；对拉螺杆穿模板布的开孔直径宜较螺杆止位钉或孔眼直径大 5mm～10mm，防止对拉螺杆拧紧时引起模板布起皱。混凝土浇筑时应避免振动棒碰到模板布和钢筋。

3.7.6.2　模板安装过程中对模板布的损坏

1. 现象描述

钢筋安装、模板安装过程中，钢筋焊接焊渣烧伤模板布，钢筋刮蹭损伤模板布。

2. 控制措施

模板安装或钢筋安装需避免直接踩踏、近距离焊接作业、钢筋刮蹭等对模板造成损伤（图 3.15、图 3.16），如采用先模板安装再进行钢筋安装施工工艺，应对模板布进行有效防护；现场钢筋安装优先采用机械连接或搭接接头。钢筋保护层垫块在模板安装前固定于钢筋上。

3. 处理措施

模板布破损面积小于或等于 $0.5m^2$ 的，可将破损部位裁下，更换新模板布。更新的模板布不应采用满贴胶水于模板上，应采用竖向花条粘或点粘方式，以保证排水、排气通畅。破损面积大于 $0.5m^2$ 的，宜更换整块模板布。

图 3.15　钢筋刮破透水模板布　　　　图 3.16　焊接钢筋时烫伤透水模板布

3.7.7　质量检验

1. 基本要求

（1）混凝土拆模后，应对混凝土浇筑质量进行检查，包括外观、表面平整、结构尺寸、混凝土实体强度等。

（2）宜检测现场表层混凝土的抗压强度、空气渗透系数、氯离子扩散系数、电通量、早期自然碳化深度等指标。

2. 检验项目

低渗透高密实表层混凝土质量检验项目见表 3.6。

表 3.6　　　　　　　　**低渗透高密实表层混凝土质量检验项目**

类别	检　验　项　目	
	必　检　项　目	选　择　性　项　目
混凝土拌和物	坍落度，含气量（有设计要求的），温度（有设计要求的）	扩散度、匀质性、坍落度损失、凝结时间、氯离子含量、碱含量、SO_3 含量
硬化混凝土	强度、碳化深度、抗渗性能、抗冻性能、抗氯离子渗透性能	抗裂性能、早期收缩率、气泡间距系数、抗硫酸盐侵蚀性能
	密实性能（氯离子扩散系数、电通量）	—
现场混凝土	自然碳化深度、空气渗透系数	气泡间距系数、抗冻性能、抗渗性能、人工碳化深度

3. 混凝土拌和物性能

（1）预拌混凝土到达施工现场后，应逐车目测混凝土工作性能，现场自拌混凝土应逐盘目测混凝土工作性。

（2）混凝土生产和施工过程中，应在浇筑仓面对混凝土拌和物坍落度、含气量和有温控要求的混凝土入仓温度进行检测，检测频率每 4h 不宜少于 1 次。

（3）宜对混凝土用水量和水胶比进行检测，每次浇筑的同一配合比混凝土检验数量不应少于 1 次。

4. 混凝土强度与耐久性能

（1）试件制作。工程施工过程中，应制作混凝土试件，对混凝土强度、耐久性能检验项目进行检验。试件制作和养护环境应符合《水工混凝土试验规程》（SL/T 352—2020）的规定。

（2）混凝土抗压强度、耐久性能检验，按 2.7.5 节的要求执行。

（3）混凝土强度评定应遵守《混凝土强度检验评定标准》（GB/T 50107—2010）以及有关行业标准的规定。

（4）混凝土耐久性能评价按《表层混凝土低渗透高密实化施工技术规程》（T/CSP-STC 111—2022）的规定执行，或按《水利工程施工质量检验与评定规范 第 2 部分：建筑工程》（DB32/T 2334.2—2013）进行评价。

5. 现场混凝土质量

（1）现场混凝土质量检验宜以分部工程为单位，检验项目包括强度、耐久性能、保护层厚度、外观缺陷等，可由施工单位自行检验，也可委托具有相应资质的单位进行检验。

（2）现场混凝土质量检验除按照 2.7.5 节的要求执行外，尚应符合下列规定：

1）抗压强度宜采用回弹法、钻芯法、回弹-取芯法、拉脱法等方法进行检验。拉脱法应符合《拉脱法检测混凝土抗压强度技术规程》（JGJ/T 378—2016）的规定。

2）墩、墙、梁、柱、板等结构混凝土自然碳化深度按照《水工混凝土试验规程》（SL/T 352—2020）或《回弹法检测混凝土抗压强度技术规程》（JGJ/T 23—2011）的规定进行检测。每类构件不宜少于 20 个测点，测点间距不宜小于 2m。混凝土自然碳化深度不宜超过表 2.12 的规定。

3）按照《水工混凝土试验规程》（SL/T 352—2020）等行业标准的规定钻取混凝土芯样，检验混凝土的抗水渗透性能、抗冻性能、碳化深度、氯离子扩散系数和电通量等。检验结果应符合设计要求。

4）芯样的氯离子扩散系数应同时满足式（3.1）和式（3.2）。

$$D_n \leqslant D_{\mathrm{cu,k}} \tag{3.1}$$

$$D_{\max} \leqslant 1.15 D_{\mathrm{cu,k}} \tag{3.2}$$

式中：D_n 为检验批混凝土氯离子扩散系数平均测试值，$\times 10^{-12}\,\mathrm{m^2/s}$；$D_{\max}$ 为检验批混凝土氯离子扩散系数最大测试值，$\times 10^{-12}\,\mathrm{m^2/s}$。

5）芯样的电通量应同时满足式（3.3）和式（3.4）。

$$E_n \leqslant E_{\mathrm{cu,k}} \tag{3.3}$$

$$E_{\max} \leqslant 1.2 E_{\mathrm{cu,k}} \tag{3.4}$$

式中：E_n 为检验批混凝土电通量平均测试值，C；$E_{\mathrm{cu,k}}$ 为混凝土电通量设计值，C；$E_{\max}$ 为检验批混凝土电通量最大测试值，C。

6）墩、墙、梁、柱、板类水上构件可进行混凝土表面透气性能测试，测试龄期宜为 56d～90d。对于选定的测试构件，每类构件按照同期浇筑或不大于 2000m² 为一个测试单元区域，不足 2000m² 的按照一个测试单元区域考虑。每个测试单元区域随机选取测点数量不宜少于 6 个，相邻两个测点间距不宜小于 2m，每个测点距构件边缘距离不应小于 0.2m。

现场混凝土空气渗透系数测试方法参照中国科技产业化促进会团体标准《表层混凝土低渗透高密实化施工技术规程》（T/CSPSTC 111—2022）。空气渗透系数测试时混凝土表面温度宜高于10℃，最低不应低于5℃；混凝土表面含水率不应大于5.5%；测点表面不应有气孔、蜂窝以及附着的砂浆等杂物，负压吸盘与混凝土表面应密封；宜避开表面粗糙的测点，否则应进行磨平处理；测点表面已进行防护处理的，应先去除表面防护层；测点混凝土表面以下20mm内不应存在钢筋、导管等。

混凝土空气渗透系数测试仪操作步骤应符合仪器使用说明书的规定。记录每个测点混凝土的空气渗透系数、空气渗透深度等测试数据。

混凝土空气渗透系数检验结果，应符合下列规定：①同一个测试单元区域中没有或只有1个测试值大于设计值时，取测试数据的中位值作为检验结果；有4个及以上测试值大于设计值时，判定该单元区域混凝土空气渗透系数未达到设计要求；②同一个测试单元区域中有2个~3个测试值大于设计值时，可在该区域内再选取6个以上测点进行测试，取两次测试数据的中位值作为测试结果。

3.7.8 质量评定与评价

表层混凝土低渗透高密实质量评定除按2.7.6节进行混凝土拌和物性能、强度、耐久性能和外观缺陷评定或评价外，应重点对表层混凝土自然碳化深度、空气渗透系数等进行检测与评价。

3.8 安全措施

本工法施工安全措施除执行2.8节的规定外，尚需执行下述安全措施：

（1）模板布存放地点应防晒、防雨、防潮、防火、防尘。

（2）进行模板布粘贴时，模板应平放。

（3）在模板上进行模板布粘贴时，若模板温度较高，应先冷却至常温，再进行粘贴作业。

（4）喷涂胶水时，工人应戴好保护帽，佩戴防护眼镜，防止喷入眼睛。若胶水喷入眼睛，应立即用家用洗洁净、香皂清洗，必要时送医院治疗。

（5）喷胶水现场严禁烟火。

（6）构件表面喷涂无机水性渗透结晶材料时，作业人员应佩戴护目镜，宜佩戴口罩。当有溶液飞溅入眼等情况时，应尽快用清水冲洗。

（7）硅烷材料在运输过程中应采取有效的防碰撞、防渗漏、防直接接触热源等措施。

（8）硅烷材料宜单独堆放，应贮存在通风、干燥、阴凉区域，并采取有效的防腐措施。硅烷材料应盛放在密封完好的容器中，容器开启后宜在48h内用完。

（9）钢筋安装完毕后再进行模板安装，如果需现场焊接施工等明火作业，应采取措施，防止对模板布造成损伤。

3.9 环保与资源节约

3.9.1 环保措施

表层混凝土低渗透高密实化施工过程中环保措施除执行2.9.1节的措施外，还应执行下述措施：

（1）废弃的模板布、边角料以及胶水罐体等废弃物统一收集处理，不应随意丢弃，严禁焚烧处理。

（2）模板制作现场应保持清洁，常洒水，防止尘土飞扬。

（3）加强模板布保护，提高模板布的利用率，降低损耗。

3.9.2 资源节约

本工法提出低渗透高密实表层混凝土施工技术，延长了混凝土使用寿命，相应地节约资源，减少了建筑材料的消耗。

降低了使用阶段维修养护费用。采用本工法，节约混凝土使用阶段维修养护工作量和费用。

3.10 效益分析

3.10.1 技术效益

1. 提高了表层混凝土强度

混凝土模板采用内衬透水模板布后，表层混凝土水胶比降低，混凝土表面强度与没有采用该技术的同强度等级混凝土相比，回弹强度推定值提高 10MPa～15MPa。

2. 提高了表层混凝土密实性能

图 3.17 为 10 个工程 14 批构件混凝土表面质量等级评估结果（图中表面质量等级为

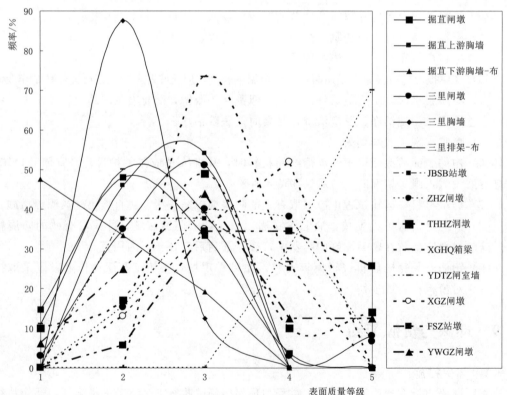

图 3.17　混凝土表面质量等级统计频率分布图

1、2、3、4、5的，分别表示混凝土表面质量评估为很好、好、中等、差和很差），频率分布曲线为实线的系采用表层混凝土低渗透高密实化施工工法的掘苴新闸（现称为刘埠水闸）闸墩、翼墙、胸墙和大丰三里闸的闸墩、胸墙、排架，虚线为未采用此工法的对比工程。图3.17表明：

1）掘苴新闸闸墩、翼墙和大丰三里闸的闸墩、胸墙采用本工法中的混凝土配合比优化设计、延长带模养护时间后，混凝土表层质量等级基本评价为中等、好和很好等级。

2）掘苴新闸胸墙、大丰三里闸排架采用本工法的混凝土配合比优化设计、内衬透水模板布和延长带模养护时间后，混凝土表层密实性能得到进一步提高，表层混凝土质量评价为好和很好等级的测点数更多。

3）未采用本工法的8个工程，混凝土表面质量等级评价为中等、差和很差的测点数较多。

3.混凝土抗碳化能力明显提高

图3.18为刘埠水闸、三里闸采用本工法后混凝土碳化深度与调研的C30、C35和C40混凝土碳化深度比较情况。图3.18可见，表层混凝土低渗透高密实化后提高了混凝土抗碳化能力。

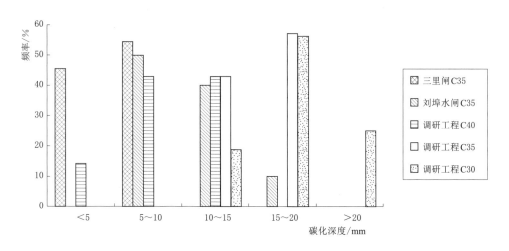

图3.18 刘埠水闸、三里闸与对比工程混凝土碳化深度比较

4.混凝土抗氯离子渗透能力得到提高

（1）图3.19为刘埠水闸、三里闸采用本工法后混凝土通电量与调研的C35和C40混凝土比较情况；图3.20为刘埠水闸、三里闸采用本工法后混凝土氯离子扩散系数与调研的C35和C40混凝土比较情况。图3.19、图3.20表明表层混凝土低渗透高密实化后，电通量和氯离子扩散系数明显降低，混凝土抗氯离子渗透能力明显提高。

（2）在3个工程分别制作模拟大板试件，钻取大板芯样，将芯样试件浸泡于16.5%盐水溶液中35d和70d，测试氯离子渗入深度。混凝土氯离子渗入深度和氯离子扩散系数比较见表3.7。由表3.7可见，混凝土内衬透水模板布后有利于提高混凝土抗氯离子侵入能力。

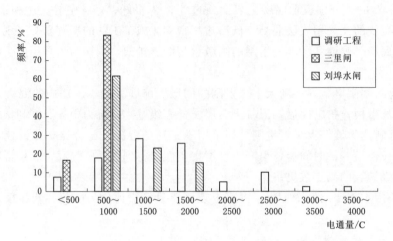

图 3.19 刘埠水闸和三里闸表层混凝土低渗透高密实化后与对比工程混凝土电通量比较

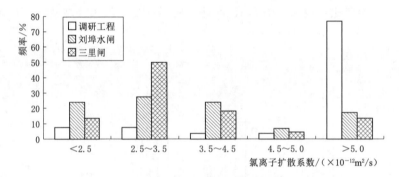

图 3.20 刘埠水闸和三里闸表层混凝土低渗透高密实化后与对比
工程混凝土氯离子扩散系数比较

表 3.7 使用透水模板布与胶合板的大板试件混凝土抗氯离子渗透性能比较

工程名称	部位	强度等级	养护方式	模板布侧与胶合板侧氯离子扩散系数比值	16.5%盐水浸泡模板布侧与胶合板侧氯离子渗入深度比值	
					浸泡 35d	浸泡 70d
YDTZ	闸室墙	C30	大板自然养护	0.41	0.73	0.745
JWGBZ	底板	C30	3d 拆模后气干养护 53d	—	0.42	0.81
			7d 拆模后气干养护 49d	—	0.41	0.82
刘埠水闸	闸墩	C35	7d 拆模后气干养护 49d	0.85	0.64	0.63～0.71（两种模板布）
			7d 拆模后气干养护 253d	—	0.53	—
	胸墙	C35	7d 拆模，等效养护 560℃d	0.63	0.64	0.68
			7d 拆模，养护 210d	—	0.61	—
			7d 拆模，等效养护 1800℃d	0.68	—	—
			7d 拆模，养护 270d	0.77	—	—

5. 提高了混凝土抗冻能力

制作 C25 混凝土试件，混凝土含气量为 2.3%。50 次冻融循环后，使用胶合板的试件混凝土表面出现剥落等现象，而胶合板内衬模板布的试件，表面完整；75 次冻融循环后，使用胶合板的试件动弹性模量下降至 15.4%，而胶合板内衬模板布的试件动弹性模量仅下降至 86.9%，试验结果见表 3.8。由表 3.8 可见，胶合板试件抗冻等级达到 F50，而胶合板内衬模板布的试件达到 F100 以上。分析认为使用透水模板后，因表层混凝土水分被排出，降低了表层混凝土水胶比，因而能够提高混凝土的抗冻能力。

表 3.8 两种模板 C25 混凝土抗冻试验结果

模板类型	胶合板模板内衬透水模板布				胶合板模板		
冻融循环次数/次	开始	50	75	100	开始	50	75
动弹性模量/GPa	44.2	40.0	38.4	36.1	32.2	27.1	5.0
相对动弹模/%	100	90.5	86.9	81.7	100	84	15.4

3.10.2 经济效益

（1）刘埠水闸胸墙。设计使用年限为 50 年，设计强度等级 C35。施工过程中胸墙采用内掺 JD-FA2000 超细矿物掺合料、下游迎海面内衬透水模板布。刘埠水闸胸墙采用低用水量配制技术，与常规生产的 C35 混凝土相比单价增加约 8 元/m³。购买模板布及模板布安装费用约为 36 元/m²，按模板布平均使用 1.5 次计算，增加成本约 26 元/m²；因使用模板布减少了胶合板的损伤，胶合板模板周转次数至少增加 1 次，降低模板摊销成本约 4 元/m²；减少模板清理、涂刷隔离剂的成本约 2 元/m²；减少混凝土表面气孔、砂眼、砂线等缺陷修补费用约 2 元/m²；总体施工成本增加约 18 元/m²。胸墙寿命从 50 年提高到 100 年以上，仅就混凝土部分比较，常规混凝土 50 年寿命单位面积造价为 615.03 元/m²，折合年成本为 12.3 元/年；采取内掺 JD-FA2000 矿物掺合料、内衬透水模板布措施后单位面积造价为 654.38 元/m²，折合年成本为 6.54 元/年，年成本降低 46.8%。

（2）金牛山水库泄洪闸下游第一节翼墙。采用低渗透高密实表层混凝土施工工法，直接采用竹胶板作模板的翼墙和挡土墙混凝土碳化至钢筋表面最短时间仅有 36 年；采用透水模板布的翼墙混凝土碳化至钢筋表面最短时间为 109 年。翼墙采用低渗透高密实表层混凝土施工工法施工阶段增加的成本如下：购买模板布材料成本为 25 元/m²，但竹胶板模板的周转次数从原来的 2~3 次增加为 3~4 次，模板周转次数增加 1 次以上，按模板布使用 2 次计算，因使用模板布增加的成本约 16 元/m²，但减少了模板清理、涂刷脱模剂的成本约 3 元/m²，减少混凝土表面气孔、砂眼、砂线修补费用约 5 元/m²，总体增加施工成本约 8 元/m²。

（3）全生命周期效益比较。刘埠水闸胸墙和金牛山水库泄洪闸下游第一节翼墙采用表层致密化技术后，混凝土质量提高，寿命延长，初期投资略有增加，但折合成每年投资仅为 40%~55%，因此经济效益明显，寿命周期成本显著降低。

3.10.3 社会效益

（1）本工法提出低渗透高密实表层混凝土施工技术，实现构件表层混凝土致密化，提高了混凝土抗劣化能力，延长结构混凝土使用寿命，实现混凝土设计使用年限目标；也节约了使用阶段维修养护费用。

（2）为处于严重和极端严重腐蚀环境下的水工混凝土防腐蚀附加措施选择提供依据。

3.10.4　节能效益

本工法能够延长混凝土使用寿命，提高混凝土耐久性，节约混凝土使用阶段维修养护材料，相应地节约资源，减少了建筑材料的消耗，节能效益明显。

3.10.5　环保效益

本工法的实施，延长了水工建筑物使用寿命，相应地节约了宝贵的资源；混凝土大量使用矿物掺合料，大量使用工业废渣，减少水泥消耗量，减少废渣占用良田、污染环境，减少水泥生产消耗的能源和大量二氧化碳的排放。因此，环保效益显著。

3.11　应用实例

3.11.1　南京市六合区金牛山水库泄洪闸翼墙

3.11.1.1　工程概况

金牛山水库泄洪闸位于南京市六合区，共 6 孔，单孔净宽 6m（图 3.21）。底板、闸墩混凝土设计强度等级为 C30，翼墙、溢洪道挡墙混凝土设计强度等级为 C25。工程开工时间为 2008 年 9 月 30 日，2010 年 5 月竣工。

金牛山水库泄洪闸施工期间在江苏省水利科学研究院技术指导下，选择东泄洪闸下游右岸第二节翼墙，试点应用低渗透高密实表层混凝土致密化技术，采取的技术措施为在竹胶板模板内侧粘贴透水模板布（图 3.22），混凝土浇筑时间为 2009 年 3 月。

图 3.21　施工中的金牛山水库泄洪闸　　　图 3.22　东泄洪闸翼墙透水模板布安装

3.11.1.2　混凝土质量控制目标

（1）到工混凝土坍落度 150mm～180mm，含气量 3.0%～4.0%，无泌水、无离析。

（2）混凝土强度满足 C25 要求，抗渗性能 W4，抗冻性能达到 F50。

3.11.1.3　原材料

（1）水泥。42.5 普通硅酸盐水泥，性能达到《通用硅酸盐水泥》（GB 175—2007）规定的技术要求。

（2）碎石。5.0mm～16.0mm、16.0mm～31.5mm 二级配，碎石质量符合《水闸施

工规范》（SL 27—2014）的规定。

（3）砂。长江中砂，黄砂细度模数 2.6，质量符合《水闸施工规范》（SL 27—2014）的规定。

（4）粉煤灰。F 类Ⅱ级粉煤灰。

（5）矿渣粉。S95 矿渣粉。

（6）外加剂。FDN 高效减水剂，同时复合掺入引气剂和缓凝剂。

3.11.1.4　配合比

翼墙 C25 混凝土胶凝材料用量为 360kg/m³，其中水泥 260kg/m³，Ⅱ级粉煤灰 50kg/m³，S95 矿渣粉 50kg/m³，用水量 165kg/m³，水胶比 0.46，坍落度 140mm～160mm。

3.11.1.5　应用效果

（1）混凝土强度。东泄洪闸下游第二节翼墙混凝土回弹强度推定值为 53.2MPa～58.3MPa，采用普通模板浇筑的同强度等级混凝土回弹强度推定值为 27.2MPa～29.0MPa，详见表 3.9。

表 3.9　　　　　　　金牛山水库混凝土回弹强度与自然碳化深度检测结果

部　位	设计强度等级	龄期/年	回弹强度/MPa	自然碳化深度/mm			备注
				平均值	最大值	最小值	
东泄洪闸下游第二节翼墙	C25	1	53.2～58.3	0.2	0.5	0	内衬透水模板布
		5	＞60.0	0.8	3.5	0	
西泄洪闸下游第一节翼墙	C25	1	27.2	10.2	14	7.5	竹胶板
		5	29.0	14.4	18.6	7.5	
溢洪道挡墙	C25	1	27.8	10.7	13.5	8.2	竹胶板
		5	28.5	15.8	18.6	13.0	

（2）混凝土碳化深度。东泄洪闸下游第二节翼墙混凝土 1 年期自然碳化深度 0～0.5mm，5 年期自然碳化深度为 0～3.5mm，平均值为 0.8mm。而采用普通模板浇筑的同强度等级混凝土 1 年期自然碳化深度 7.5mm～14mm，5 年期自然碳化深度 7.5mm～18.6mm，平均为 14.4mm。混凝土碳化深度检测结果见表 3.8 以及图 3.23～图 3.26。

图 3.23　翼墙表层致密化混凝土　　　　　图 3.24　翼墙表层致密化混凝土
　　　　1 年碳化深度　　　　　　　　　　　　　5 年碳化深度

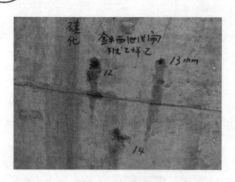

图 3.25 翼墙普通模板浇筑的混凝土 1 年碳化深度

图 3.26 翼墙普通模板浇筑的混凝土 5 年碳化深度

（3）现场混凝土碳化至钢筋表面时间。金牛山水库泄洪闸翼墙和挡土墙钢筋保护层厚度为 50mm，根据翼墙和挡土墙混凝土 5 年自然碳化深度测试数据，采用混凝土最大碳化深度测试值推测碳化至钢筋表面的最短时间。直接采用竹胶板作模板的翼墙和挡土墙混凝土碳化至钢筋表面最短时间仅有 36 年；透水模板布对表层混凝土致密化影响深度平均按 15mm 计算，竹胶板内衬透水模板布作模板的翼墙混凝土碳化至钢筋表面最短时间为 109 年。

（4）混凝土外观。拆模后混凝土表面色泽一致，有效消除表面色斑、气孔、砂斑、砂线等常见施工缺陷。

3.11.2 通榆河北延送水工程太平庄闸闸墩

3.11.2.1 工程概况

通榆河北延送水工程太平庄闸共 12 孔，单孔净宽 9.7m，位于连云港市新浦区新沭河下游中泓上，为拆除重建工程（图 3.27）。

主体工程施工期间为 2009 年 12 月—2010 年 5 月。现场选择 3 号闸墩应用本工法，在闸墩模板表面粘贴透水模板布（图 3.28、图 3.29），3 号闸墩在 2010 年 3 月进行施工。

图 3.27 施工中的太平庄闸

图 3.28 闸墩模板安装

3.11.2.2 混凝土质量控制目标

（1）到工混凝土坍落度 150mm～180mm，含气量 3.0%～4.0%，无泌水、无离析。

（2）混凝土强度满足 C25 要求，抗渗性能 W4，抗冻性能达到 F50。

3.11.2.3 原材料

（1）水泥。42.5普通硅酸盐水泥，性能达到《通用硅酸盐水泥》（GB 175—2007）规定的技术要求。

（2）碎石。连云港海州产，规格为16.0mm～31.5mm、5.0mm～16.0mm，碎石质量符合《水闸施工规范》（SL 27—2014）的规定。

（3）砂。山东中砂，质量符合《水闸施工规范》（SL 27—2014）的规定。

图3.29 闸墩模板安装完成后的情况

（4）粉煤灰。F类Ⅱ级粉煤灰。

（5）外加剂。FDN高效减水剂，同时复合掺入引气剂和缓凝剂。

3.11.2.4 配合比

闸墩混凝土设计强度等级为C25，采用商品混凝土。混凝土配合比（kg/m³）为42.5普通硅酸盐水泥：砂：石：粉煤灰：外加剂：水＝270：824：1047：80：4.9：170，水胶比0.48。

3.11.2.5 应用效果

（1）混凝土强度。3号闸墩7d、21d、71d龄期混凝土回弹强度推定值分别为43.4MPa、47.8MPa、59.6MPa。未采用该技术的7号闸墩7d、28d、75d龄期混凝土回弹强度推定值分别为22.3MPa、26.8MPa、33.5MPa。

（2）表层混凝土均质性。3号闸墩和7号闸墩混凝土回弹值统计结果见表3.10，由表3.10可见3号闸墩采用模板布后回弹值的标准差和离散系数均低于采用胶合板浇筑的7号闸墩，因此，采用内衬模板布工法浇筑的混凝土均质性提高、离散性降低。

表3.10　　　　　　　　　　太平庄闸闸墩混凝土离散性比较

墩号	模板情况	测试龄期/d	回弹值				
			最大值	最小值	平均值	标准差	离散系数
3号	胶合板内衬模板布	71	58	50	53.8	1.475	0.027
7号	胶合板	75	51	33	38.8	2.885	0.074

（3）混凝土碳化深度。3号闸墩71d龄期混凝土自然碳化深度小于0.5mm，7号闸墩75d龄期混凝土自然碳化深度为1.5mm～2.0mm。

（4）混凝土外观。采用表层致密化技术浇筑的混凝土表面没有常规浇筑常见的气孔、砂斑、砂线、模板接缝漏浆等施工缺陷，有效改善了混凝土的外观（图3.30、图3.31）。

3.11.3 如东县刘埠水闸胸墙

3.11.3.1 工程概况

如东县刘埠水闸（又称掘苴新闸）是新建沿海挡潮闸，位于如东县苴镇刘埠村外海侧，设计排涝面积339 km²，排涝流量538m³/s。

刘埠水闸共5孔（图3.32），每孔净宽10.0m，总净宽50.0m。闸室顺水流方向长20.0m，水闸上游翼墙为扶壁式钢筋混凝土挡土墙，岸墙、下游翼墙为空箱扶壁式钢筋混

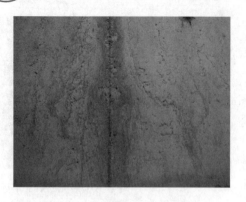

图 3.30 普通模板浇筑的混凝土
外观缺陷

图 3.31 使用表层致密化技术浇筑的
混凝土外观

凝土挡土墙。

刘埠水闸设计使用年限为 50 年,胸墙环境作用等级为 Ⅲ - E,混凝土设计指标为 C35W4F50,混凝土保护层厚度 60mm。施工主要在 2015 年 8 月—2016 年 3 月,其中,胸墙施工主要在 2016 年 1 月。

图 3.32 如东县沿海挡潮闸刘埠水闸

3.11.3.2 混凝土质量控制目标

(1)质量控制目标。混凝土采用预拌混凝土,到工混凝土坍落度 150mm～180mm,含气量 3.0%～4.0%,无泌水、无离析。混凝土强度满足 C35 要求,抗渗性能 W6,抗冻性能达到 F50;混凝土氯离子扩散系数≤$4.5\times10^{-12}\,m^2/s$;抗碳化性能等级达到 T - Ⅲ 等级,即 28d 人工碳化深度不大于 20mm。

(2)混凝土配制要求。施工单位江苏省水利建设工程有限公司在选择预拌混凝土公司时,编制了《刘埠水闸预拌混凝土技术要求》,列入预拌混凝土合同文件中。该技术要求规定了混凝土原材料质量要求和配合比技术参数。通过原材料选择、配合比优化和混凝土制备过程质量控制、以及延长带模养护时间等,保证了混凝土施工质量。混凝土配合比采用低用水量、低水胶比、中等掺量矿物掺合料混凝土配制技术,水泥用量较预拌混凝土公司提供的配合比降低 30kg/m³。混凝土配制要求见表 3.11。

表 3.11 刘埠水闸混凝土配制要求

部　位	环境作用等级	配制强度/MPa	最大水胶比	骨料最大粒径/mm	用水量/(kg/m³)	含气量/%	胶凝材料用量/(kg/m³)	掺合料掺量/%B
胸墙、闸墩、翼墙、排架	Ⅲ-E	43.2	0.40	31.5	≤160	3.0～5.0	360～400	≤40
工作桥	Ⅲ-E	43.2	0.40	25.0	≤160	3.0～5.0	360～400	≤40

注 B 为胶凝材料用量。

3.11.3.3　原材料

（1）水泥。42.5 普通硅酸盐水泥，28d 抗压强度 50.8MPa～52.6MPa，抗折强度 7.8MPa～8.1MPa。

（2）粉煤灰。F 类Ⅱ级粉煤灰，细度 19.5%，需水量比 103.5%，烧失量 1.52%，三氧化硫 0.96%。

（3）矿渣粉。S95 级粒化高炉矿渣粉，密度 2.88g/cm³，比表面积 442m²/kg，烧失量 0.35%，三氧化硫 0.12%，含水量 0.24%，28d 活性指数 98.2%，流动度比 101.6%。

（4）细骨料。长江中砂，泥含量 1.7%～2.2%，细度模数 2.51。

（5）粗骨料。分 16mm～31.5mm 和 5mm～16mm 二个级配碎石，按 7：3 的质量比例混合配成 5～31.5mm 连续粒级，泥含量 0.2%～0.8%，针片状颗粒含量 8.5%，压碎值 6.8%，吸水率 0.8%。

（6）减水剂。聚羧酸缓凝型高性能减水剂，减水率为 25%，减水剂中复合引气剂和缓凝剂。

（7）JD-FA2000 超细矿物掺合料。京诚嘉德（北京）商贸有限公司生产，为改进型硅粉，45μm 方孔筛筛余 2.25%，$D_{97} < 11μm$，$D_{50} < 4μm$，平均粒径 3μm～6μm，比表面积 1000m²/kg。7d、28d 活性指数分别为 81%、109%，化学成分见表 3.12。

表 3.12 JD-FA2000 超细矿物掺合料化学成分

化学成分	SiO_2	CaO	Al_2O_3	Fe_2O_3	MgO	SO_3	烧失量
含量/%	33.84	38.13	11.68	0.73	9.89	0.34	0.21

3.11.3.4　胸墙混凝土低渗透高密实化施工

1．技术措施

刘埠水闸胸墙混凝土低渗透高密实化施工采取以下 5 项技术措施：①采用低用水量、低水胶比和中等掺量矿物掺合料配制技术；②在胸墙混凝土中掺入 JD-FA2000 超细矿物掺合料；③在下游迎海面胶合板模板的内侧粘贴透水模板布；④掺入抗裂纤维提高混凝土抗裂能力；⑤刘埠水闸地处海边，海风大，为防止过早拆模混凝土干缩增大、湿养护不及时，适当延长带模养护时间，气温在 10℃以上时混凝土带模养护时间不少于 10d，带模养护期间松开对拉螺杆，补充养护水，拆模后人工洒水养护至 21d 以上。

2．配合比

刘埠水闸胸墙混凝土施工配合比见表 3.13。

表 3.13　　　　　　　　　　　刘埠水闸胸墙混凝土施工配合比

部位	配合比/(kg/m³)									水胶比	坍落度/mm
	水泥	粉煤灰	矿渣粉	超细掺合料	砂	碎石	水	减水剂	纤维		
胸墙	250	40	70	35	713	1117	155	5.9	1	0.39	140～180

注　超细矿物掺合料为 JD－FA2000。

3.11.3.5　应用效果

1. 质量检验情况

（1）强度。胸墙混凝土标准养护试件 28d 抗压强度平均值为 42.9MPa；现场混凝土强度采用回弹法检测，测试龄期 30d～42d，采用透水模板布的下游迎海侧面强度推定值为 54.6MPa～58.0MPa，采用胶合板浇筑的上游侧面强度推定值为 36.7MPa～41.6MPa。

（2）人工碳化深度。标养试件、大板试件和实体芯样混凝土碳化深度试验结果见表 3.14。

表 3.14　　　　　　　　　　胸墙混凝土人工碳化深度试验结果

试样来源		养护方式	养护时间/d	碳化时间/d	模板类型	碳化深度/mm		
						最大值	最小值	平均值
现场制作 100mm×100mm×400mm 试件		标准养护	28	28	胶合板内衬透水模板布	7.5	0	3.4
					胶合板	15.8	3.0	8.2
现场制作 600mm×600mm×120mm 湿筛砂浆大板试件（过 5mm 筛）		标准养护	28	28	胶合板内衬透水模板布	3.5	0	1.2
					胶合板	12.6	5.2	9.8
现场制作 600mm×600mm×120mm 大板试件		7d 拆模室内气干养护	等效养护时间 560℃·d	28	胶合板内衬透水模板布	10.8	4.0	7.3
					胶合板	14.2	7.7	10.6
胸墙芯样	保护层	8d 拆模浇水养护至 14d	等效养护时间 560℃·d	28	胶合板内衬透水模板布	8.0	3.9	6.4
					胶合板	17.4	10.1	12.3
	4 号胸墙芯样的中间部位		等效养护时间 1120℃·d	28	—	15.2	3.4	10.6
	5 号胸墙中间部位				—	12.8	1.0	5.7

（3）自然碳化深度。260d 龄期胸墙下游迎海侧面混凝土自然碳化深度均为 0，上游内河侧面自然碳化深度平均为 1.69mm。

（4）抗氯离子渗透性能。混凝土电通量和氯离子扩散系数试验结果见表 3.15。由表 3.15 可见，胸墙内衬透水模板布后，混凝土抗氯离子渗透性能得到提高。

（5）盐水浸泡试验。将胸墙模拟大板试件浸泡于 3.38mol/L（16.5%）盐水中 70d，采用切片法将距表层不同深度的混凝土切成薄片，然后剔除薄片混凝土中的石子，过 0.08mm 筛，测试样品中砂浆的水溶性氯离子含量，测试结果见表 3.16 和图 3.33。

表 3.15 胸墙混凝土电通量和氯离子扩散系数试验结果

试样来源		养护方式	模板类型	电通量		氯离子扩散系数	
				养护时间	测试值/C	养护时间	测试值/($\times 10^{-12} \mathrm{m^2/s}$)
现场制作试件		标准养护	塑料试模	56d	825	84d	1.975
现场制作 600mm×600mm×120mm 砂浆大板试件 （过5mm筛）		标准养护	胶合板内衬透水模板布	60d	675	84d	0.969
			胶合板		859		1.103
现场制作 600mm×600mm×120mm 大板试件		7d脱模，室内气干养护	胶合板内衬透水模板布	等效养护时间 1800℃·d	980	等效养护时间 1800℃·d	3.016
			胶合板		1090		4.445
胸墙芯样	4号、5号胸墙保护层	8d拆模，浇水养护至14d，钻取芯样，室内气干养护	胶合板内衬透水模板布	等效养护时间 1120℃·d	715		3.810，1.565
			胶合板		927		5.781，3.962
	4号、5号胸墙内部芯样		—		763～1995		6.316，4.082

表 3.16 混凝土盐水浸泡表面混凝土砂浆中水溶性氯离子含量测试情况

模板情况	距表面距离/mm	水溶性氯离子含量/%	模板情况	距表面距离/mm	水溶性氯离子含量/%
胶合板内衬透水模板布 （LB-B）	0～3	0.639	胶合板 （LB-F）	0～5	0.915
	4～7	0.389		5～10	0.427
	8～12	0.193		11～15	0.289
	13～20	0.172		16～20	0.257
	21～25	0.165		21～25	0.255
	26～30	0.156		26～30	0.234

由表 3.16 和图 3.33 可见：

1）Cl⁻ 主要集中于表层 0～10mm 以内。

2）Cl⁻ 浓度随着距表层距离增加呈线性降低，接着出现拐点，超过拐点，Cl⁻ 浓度随深度增加趋于平缓。

（6）现场混凝土空气渗透系数。胸墙 35d 混凝土空气渗透系数检测结果见表 3.17。由表 3.17 可见，混凝土内衬透水模板布后，混凝土空气渗透系数降低明显，表层混凝土质量得到提高。

（7）混凝土孔隙率。将胸墙混凝土过 5mm 筛获得砂浆，制作大板试件，大板试件两个侧面分别采用胶合板模板、内衬透水模板布，标准养护 56d 后，进

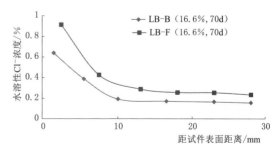

图 3.33 混凝土盐水浸泡表面混凝土氯离子含量测试结果分布图

行切片，并立即将切片浸泡于酒精中止水化，进行压汞试验，试验结果见表 3.18。表 3.18 压汞试验数据表明透水模板布的影响深度大致在 0～25mm 范围内，其中表层 10mm 以内混凝土的孔隙率和比孔容约为对比胶合板侧的 40％，距表层 15mm～25mm 混凝土的孔隙率和比孔容约为胶合板侧的 90％。说明表层混凝土密实性得到明显提高。

表 3.17　　　　　　　　　　胸墙表层混凝土空气渗透系数检测结果

部位	模板类型	空气渗透系数/($\times 10^{-16} m^2$)				统计数量	表层混凝土质量评价				
		最大值	最小值	几何均值	95％置信区间		很好	好	中等	差	很差
迎海面	胶合板内衬透水模板布	0.006	0.001	0.003	[0.020, 0.092]	测区数量/个	10	7	4	0	0
						占测区的/%	47.6	33.3	19.1	0	0
内河侧	胶合板	0.550	0.025	0.157	[0.096, 0.491]	测区数量/个	0	6	7	0	0
						占测区的/%	0	46	54	0	0

表 3.18　　　　　　　　　　胸墙湿筛砂浆大板试样压汞试验结果

编号	模板类型	距大板表面距离/mm	表观密度/(g/cm³)	孔隙率/%	比孔容/(mL/g)
B0 - B1	胶合板内衬透水模板布	0～6	2.26	5.65	0.025
B2 - B3		10～13	2.10	11.95	0.057
B4 - B5		17～25	2.07	11.97	0.058
F0 - F1	胶合板	0～10	2.01	15.67	0.078
F2 - F3		14～25	2.06	13.37	0.064

（8）吸水率。将上述胸墙过 5mm 筛的砂浆大板试件标准养护 28d 后，钻取芯样测试砂浆的吸水率，检测结果见表 3.19。由表 3.19 可见，模板布侧混凝土 24h 吸水率为胶合板侧的 66.7％。

表 3.19　　　　　　　　　　胸墙表面混凝土吸水率检测结果

模板类型	编号	吸水后质量/g								24h 吸水率/%	
		0	5	10	30	60	120	140	1440	单个值	平均值
胶合板内衬透水模板布	1	947	948.7	950.2	951	951.8	952.3	953	954.6	0.80	
	2	910.2	912	913.7	915	915.7	916.6	917.4	919.8	1.05	0.88
	3	946.2	947.9	949.1	950	951	951.5	951.9	953.6	0.78	
胶合板	1	913.4	916	917.9	919	920.3	921.3	922.2	925.5	1.32	
	2	919.8	922	924	925.2	926.4	927.6	928.3	931.5	1.27	1.32
	3	924.8	928.5	930.7	931.8	933	934	934.7	937.5	1.37	

2. 实施效果评价

（1）胸墙混凝土中掺入 JD - FA2000 超细矿物掺合料，同时在下游迎海面粘贴透水模板布，与采用胶合板的上游侧面混凝土相比，表面强度约提高 20MPa；24h 吸水率为胶合板侧的 66.7％；压汞试验表明使用透水模板布的混凝土影响深度大致在 0～25mm 范围内，其中表层 10mm 以内的混凝土孔隙率和比孔容约为胶合板侧的 40％，距表层

15mm～25mm 混凝土的孔隙率和比孔容约为胶合板模板侧的 90%，说明混凝土密实性得到明显提高；混凝土空气渗透系数也明显降低，35d 龄期混凝土表层质量评价等级为很好和好的达到 80%。

（2）胸墙混凝土人工碳化深度满足使用年限 100 年的技术要求；从胸墙早龄期自然碳化深度推算碳化至钢筋表面时间大于 100 年。

（3）标准养护条件下，使用胶合板或透水模板布的胸墙混凝土 84d 氯离子扩散系数均满足Ⅲ-E 环境 100 年的技术要求；大板气干养护试件和实体混凝土的氯离子扩散系数基本满足Ⅲ-E 环境 100 年的技术要求。

3.11.4 大丰区三里闸拆建工程排架

3.11.4.1 工程概况

三里闸位于里下河斗北垦区南直河入海口，距离盐城大丰区三龙镇 15km，具有排涝、挡潮、蓄水灌溉等功能。老闸建成于 1959 年 11 月，共 4 孔，总净宽 16m，工程安全鉴定认定为四类闸。为消除安全隐患，确保工程安全运行，2015—2016 年在三里闸原址拆除重建，拆建后三里闸（图 3.34）共 3 孔，闸孔净宽 8.0m，总净宽 24.0m，设计最大过闸流量 255.1m³/s，日均流量为 122m³/s。排架设计使用年限为 50 年，所处环境作用等级为Ⅲ-D，施工过程中在排架模板内侧内衬透水模板布，混凝土浇筑过程中排出表层混凝土中部分水分（图 3.35）。

图 3.34　盐城市大丰区三里闸　　　　图 3.35　排架内衬模板布混凝土
　　　　　　　　　　　　　　　　　　　　　　　中水排出情况

3.11.4.2 混凝土质量控制目标

（1）到工混凝土坍落度 150mm～180mm，含气量 3.0%～4.0%，无泌水、无离析。

（2）排架混凝土设计指标为 C35F50W6；84d 氯离子扩散系数不大于 $4.5 \times 10^{-12} m^2/s$；抗碳化性能等级为 T-Ⅲ，28d 人工碳化深度不大于 20mm。

3.11.4.3 原材料

（1）水泥。52.5 普通硅酸盐水泥，28d 抗压强度 57.5MPa，抗折强度 9.6MPa。性能达到《通用硅酸盐水泥》（GB 175—2007）规定的技术要求。

（2）碎石。5mm～16mm、16mm～31.5mm 二级配碎石，质量比例为 30∶70，泥含量 0.2%，针片状颗粒含量 6.5%，压碎值 7.5%。碎石质量符合《水闸施工规范》（SL

27—2014）的规定。

（3）砂。骆马湖中砂，泥含量 0.7％，细度模数 2.5～2.7。质量符合《水闸施工规范》（SL 27—2014）的规定。

（4）粉煤灰。F 类 Ⅱ 级灰，$45\mu m$ 方孔筛筛余 16.6％，需水量比 102％，烧失量 1.56％。

（5）矿渣粉。S95 级粒化高炉矿渣粉，比表面积 $418m^2/kg$，28d 活性指数 103.6％，流动度比 98.6％。

（6）外加剂。脂肪族、萘系和引气剂、缓凝剂复合而成，减水剂用量为胶凝材料用量的 1.6％时，减水率为 28.9％；引气剂用量为胶凝材料用量的 0.32‰，混凝土含气量为 3.5％。

（7）P8000 超细矿渣粉。山东鲁新牌 P8000 超细矿渣粉，物理性能与化学成分见表 3.20。

表 3.20　　　　　　P8000 超细矿渣粉物理性能与化学成分

粒径/μm		细度/(m^2/kg)	密度/(g/cm^3)	流动度比/％	活性指数/％		化学成分/％					
D_{50}	D_{97}				7d	28d	SiO_2	CaO	Al_2O_3	Fe_2O_3	MgO	SO_3
≤5	≤10	960	2.89	101	122	137	36.12	37.55	16.06	0.73	9.89	0.34

3.11.4.4　配合比

排架混凝土施工配合比见表 3.21。

表 3.21　　　　　　三里闸排架混凝土施工配合比

配合比/(kg/m^3)									水胶比	含气量/％	坍落度/mm
水泥	粉煤灰	矿渣粉	P8000 超细矿渣粉	砂	小石	中石	水	减水剂			
200	100	70	30	767	317	741	140	6.4	0.36	3.0	140～180

3.11.4.5　应用效果

1. 质量检验情况

（1）强度。排架混凝土回弹强度推定值，采用普通胶合板模板的排架混凝土为 47.1MPa，采用内衬模板布的混凝土大于 60MPa；120d 龄期芯样抗压强度为 46.8MPa。

（2）耐久性能。排架混凝土标养试件人工碳化深度检测结果见表 3.22，现场混凝土自然碳化深度检测结果见表 3.22；抗氯离子渗透性能试验结果见表 3.23。

表 3.22　　　　　　三里闸排架混凝土性能检验结果

模板类型	人工碳化深度/mm		自然碳化深度/mm	
	28d	56d	105d	730d
胶合板	3.8～7.1	8.8～14.8	0～2.5	0.5～7.1
内衬模板布	0～2.7	2.7～6.4	0	0.2

注　混凝土人工碳化深度试件包括标准养护 28d 试件、模拟现场浇筑同条件养护大板试件和实体芯样试件。

表 3.23　　　　　　　　三里闸排架混凝土抗氯离子渗透性能检验结果

部　　位		84d 氯离子扩散系数 /($\times 10^{-12} m^2/s$)	56d 电通量 /C	3.38mol/L (16.5％) 盐水浸泡 70d 氯离子渗入深度/mm		
				最大	最小	平均
排架	胶合板侧面	2.802	792	14.0	2.3	8.7
	内衬模板布侧面	2.329	620	13.0	0.5	3.9

（3）盐水浸泡试验。将排架大板试件浸泡于 3.38mol/L（16.5％）盐水中 70d，采用切片法将距表层不同深度的混凝土切成薄片，然后剔除薄片混凝土中的石子，过 0.08mm 筛，样品中砂浆的水溶性氯离子含量测试结果见表 3.24。

表 3.24　　　　混凝土盐水浸泡表面混凝土砂浆中水溶性氯离子含量测试结果

距表面距离 /mm	水溶性氯离子含量/％砂浆		距表面距离 /mm	水溶性氯离子含量/％砂浆	
	内衬模板布侧面	胶合板侧面		内衬模板布侧面	胶合板侧面
0～5	0.492	0.812	21～25	0.076	0.212
6～10	0.224	0.323	26～30	0.071	0.197
11～15	0.107	0.258	31～35	0.068	0.175
16～20	0.083	0.218			

（4）抗渗等级＞W12，抗冻等级＞F200。

（5）空气渗透系数。测试结果见表 3.25。

表 3.25　　　　　　　　三里闸排架混凝土空气渗透系数检验结果

部　　位		空气渗透系数/($\times 10^{-16} m^2$)	
		几何均值	95％置信区间
排架	胶合板	0.313	[0.013, 0.194]
	内衬模板布	0.093	[0.001, 0.081]

2. 排架使用内衬透水模板布与直接使用胶合板的混凝土性能比较

混凝土表层强度提高 20MPa 以上；标养试件 28d 人工碳化深度减少 3.8mm，56d 碳化深度减少 6.1mm，大板试件 28d 和 56d 碳化深度分别减少 4.2mm、8.4mm；16.5％盐水浸泡 35d，氯离子渗入深度减少 4.8mm；6 组大板试件内衬模板布侧混凝土的氯离子扩散系数是胶合板模板侧的 48.6％～80.7％。

图 3.36 为模拟大板试件表层混凝土 SEM 电镜观测情况。分析认为内衬透水模板布后表面混凝土耐久性能提高，缘于混凝土表层密实性的提高，SEM 电镜图和压汞试验表明使用透水模板布的影响深度大致在 0～12mm 范围内，混凝土的孔隙率和比孔容约为胶合板侧的 75％左右，因而抗腐蚀介质侵入的能力提高。

3. 实施效果评价

（1）排架混凝土人工碳化深度，满足使用年限 100 年的技术要求。

（2）排架标准养护试件氯离子扩散系数满足Ⅲ-D环境 100 年使用年限要求。

（a）胶合板侧面　　　　　　　　　（b）内衬模板布侧面

图 3.36　大板试件表层（0～13mm）混凝土试样 SEM 电镜图

（3）排架混凝土中掺入 P8000 超细矿渣粉和采用内衬透水模板布技术，进一步提高混凝土密实性和抗氯离子渗透能力，表面混凝土质量基本上评价为中等及以上等级。

第4章 提升氯化物环境混凝土抗氯离子渗透能力施工工法

4.1 工法的形成

4.1.1 工法形成原因

1. 氯化物环境钢筋混凝土耐久性问题的严重性

沿海氯化物环境钢筋混凝土结构由于受氯离子侵蚀引起钢筋锈蚀、混凝土顺筋胀裂和剥落破坏，造成的损失之大，远远超出人们的预料，仅1998年美国因海港结构中的钢筋锈蚀破坏而花费的修复费用就高达2500亿美元；中东海湾地区由于特殊的气候环境，大气、建材和水中的氯化物含量高，使得钢筋锈蚀成为科威特等海湾国家混凝土结构破坏的主要原因，混凝土结构的平均使用寿命仅10年～15年。

我国沿海地区水工和港工混凝土结构中钢筋锈蚀引起的破坏相当严重，有的沿海工程使用10年～20年就出现耐久性能严重退化，需要维修加固，带来巨大的经济和社会负担，造成资源严重浪费。天津港码头上部结构在使用十几年后，就出现钢筋锈蚀、保护层剥落。清华大学冯乃谦等学者对山东沿海地区的混凝土桥梁耐久性状况进行调查研究，结果表明，主体结构均有不同程度的破坏，钢筋锈蚀严重，混凝土严重开裂甚至剥落。江苏省水利科学研究所曾对江苏省1970年之前建成的60座沿海涵闸混凝土耐久性进行调查，发现因氯离子侵蚀和碳化联合作用导致钢筋锈蚀的有53座，这些涵闸已进行修复或拆除重建。

2. 江苏沿海环境荷载

（1）气温。江苏为亚热带、湿润气候向暖温带半湿润气候的过渡地带，苏北灌溉总渠以北属于暖温带气候，以南为北亚热带气候。全省年平均气温为13.5℃～16.0℃，江淮流域14℃～15℃，淮北13℃～14℃，最高气温37℃～43℃，最低气温－20℃～－10℃。苏北最冷月为1月，连云港等地区平均气温－4℃～0℃，其他地区平均气温0～3.3℃。

江苏沿海基本属于－3℃～0℃等级的温和地区（也称微冻地区），赣榆等北部局部地区属于－10℃～－3℃等级的寒冷地区。

（2）年气温正负交替次数。江苏沿海地区年正负气温交替变化频次统计见表4.1。由表4.1可见，全省冬春季节气温年正负交替的次数较为频繁，其中，位于最北端的赣榆区年正负交替次数最多。

表 4.1　　　　　　　　　江苏沿海地区正负气温交替变化频次统计　　　　　　　单位：次

地　区	正负交替转换标准	11 月	12 月	1 月	2 月	3 月	小计
南通市	−3℃	0	8	6	3	0	17
盐城市	−3℃	1	3	16	17	2	39
连云港赣榆区	−3℃	5	11	12	13	3	44

（3）风速与风向。江苏全省气候季风特征明显，近岸海域风能资源丰富，风向及风速受季风及海岸走向影响显著。全年平均风速达到 3m/s 左右，最大月份为 3—5 月，最小月份为 6—7 月。春季主要为偏东南向，局部区域为西南向，平均风速约 4.4m/s；夏季绝大部分为东南风，其余为南风，平均风速为 2.8m/s；秋季平均风速约 2.8m/s，主要为东南风，其余为东北风；冬季主要为偏南风和北风，平均风速为 4.3m/s。表 4.2 为南通市如东县气象站 30 年风速与风向统计资料。

表 4.2　　　　　　　　　　如东县气象站各风向出现频率及平均风速

风向	N	NNE	NE	ENE	E	ESE	SE	SSE
频率/%	5.7	7.6	7.5	7.6	7.7	9.3	8.4	7.0
平均风速/(m/s)	4.2	4.3	3.7	3.6	3.3	3.8	3.4	3.6
风向	S	SSW	SW	WSW	W	WNW	NW	NNW
频率/%	4.9	3.7	3.0	3.0	3.5	5.2	6.1	4.3
平均风速/(m/s)	3.2	3.3	3.0	3.4	3.8	4.1	4.1	4.3

（4）大气中氯离子含量。沿海环境中海浪拍击产生直径 $0.1\mu m \sim 20\mu m$ 的细小雾滴，可随风飘移到近海的陆上地区数百米甚至数千米，其浓度与具体的地形、地物、风向、风速等多种因素有关。因此，海洋和近海地区大气中都含有氯离子。

徐国葆等研究测量我国东南沿海地区空气中盐雾浓度在 $0.024mg/m^3 \sim 1.375mg/m^3$ 范围内，年平均值为 $0.148mg/m^3 \sim 0.48mg/m^3$。赵尚传等对山东沿海空气中氯离子浓度进行过测试，在距海岸线水平距离 2000m 以内，空气中氯离子浓度在 $0.0074mg/m^3 \sim 0.0738mg/m^3$，且距离海岸线越远，离海平面越高，空气中氯离子浓度越低。江苏沿海大气中氯离子含量海口为内地的 3～9 倍，部分工程大气中氯离子含量见表 4.3。

表 4.3　　　　　　　　　　　　大气中氯离子浓度

地　区	取样地点	大气中氯离子浓度/(mg/m³)	备　注
连云港市	大板跳闸	0.016	离海口 700m
	临洪西站（厂房）	0.012	离海口 12km
	市防疫站	0.002	连云港市区
南通市	团结闸（下游）	0.018	离海口 100m
	营船港闸（长江边）	0.007	靠近南通市区、长江边

（5）海水中氯离子含量。江苏近海海水成分与天然海水成分基本一致。表 4.4 列出江苏沿海部分工程所在地海水中主要成分和 pH 值。

表 4.4 江苏沿海部分工程所在地海水主要成分和 pH 值

地区	取样地点		Cl⁻含量 /(mg/L)	SO₄²⁻ /(mg/L)	HCO₃⁻ /(mg/L)	侵蚀性 CO₂ /(mg/L)	Mg²⁺ /(mg/L)	pH 值
连云港市	五灌河挡潮闸		3050.0	600.0	—	—	—	7.45
	新沂河海口闸		2880.0	550.0	—	—	—	7.52
	新沂河 海口闸	南闸下游	2020.7	368.4	—	—	136.5	7.24
		南闸上游	313.7	192.0	—	—	111.2	7.53
		中闸下游	2605.6	464.9	—	—	73.5	6.90
		中闸上游	340.3	189.8	—	—	52.2	7.24
		北闸下游	4147.7	649.5	—	—	283.4	7.22
		北闸上游	313.7	174.9	—	—	94.5	7.43
	徐圩新区西港闸		18434.0	2303.0	213.5	48.0	1458.0	7.82
	烧香河北闸（下游闸前）		1990.0	310.0	—	—	—	7.75
	三洋港闸		3068.0	467.8	272.1	—	245.30	7.89
	大板跳闸（下游海水）		13914.0	624.4	189.2	0	881.6	7.92
	海滨新区新城闸 （下游海水）		18611.3	6604.1	195.3	0	152.0	—
盐城市	三里闸拆除重建		6258.0	468.0	185.3	—	112.6	7.31
	淮河入海水道 海口枢纽工程		11890.0	1684.0	—	—	—	7.40
	灌河入海口		6384.0	569.0	6.6	0	420	8.38
	梁垛河闸		16750.0	1678.7	—	—	1109.3	7.35
南通市	遥望港景观新闸		15208.0	2594.2	152.5	0	1130.9	7.90
	海门东灶港套闸		16064.0	2257.9	245.2	—	1094.4	7.10
	如东刘埠水闸		14960.0	249.8	463.8	12.3	1064.0	7.57
	小洋口外闸		12943.0～ 14960.0	129.7～ 249.8	170.9～ 463.8	784.3～ 1064.0	0	7.57～ 7.94

沿海挡潮闸场地水中离子含量呈现下述特点：

1）挡潮闸下游海水受淡水冲淡作用和海洋潮汐作用，以及工程距离海口远近，其主要成分含量介于淡水和海水之间。

2）涨潮时海水中 Cl⁻的浓度高于落潮时。

3）开闸放水期间下游海水中氯离子浓度低于非开闸放水期间。

4）潮汐性河道，如江苏灌河，离海口越远，水中离子含量越低。

（6）沿海地区地下水。沿海地区地下水中含有大量的氯盐、硫酸盐和镁盐等，盐碱滩涂地带地下水中氯盐、硫酸盐和镁盐的含量有可能超过海水中的含量。有关工程地下水主要化学成分见表 4.5。

（7）大气中二氧化碳浓度。表 4.6 反映全世界大气中 CO₂ 平均浓度呈现逐年增加的趋势，主要原因是工业化以后大量森林被砍伐，其中近一半作为燃料烧掉；大量开采使用矿物燃料，向大气中排放大量 CO_2。大气中 CO_2 的浓度一般城市较农村高，工业区较生活区高，室内较室外高，海岸一带人烟稀少 CO_2 浓度相对较低，但随着沿海开发，大气中 CO_2 浓度逐渐增高。

表 4.5　　　　　　　　　　　　部分沿海工程地下水主要成分和 pH 值

地区	取样地点	Cl^- /(mg/L)	SO_4^{2-} /(mg/L)	HCO_3^- /(mg/L)	Mg^{2+} /(mg/L)	侵蚀性 CO_2 /(mg/L)	pH 值
连云港市	三洋港闸	8189.0～13303.0	378.5～859.8	331.8～682.0	701.6～972.5	0	7.21～7.41
	灌河下游	1531.3	253.0	10.0	14.0	0	7.65
如东县	刘埠水闸	12801.0～14068.0	2379.0	288.0	1251.0	0	7.82
	小洋口外闸	12943.0～14960.0	129.7～249.8	170.9～463.8	784.3～1064.0	0	7.57～7.94

表 4.6　　　　　　　　　　　　全世界大气中 CO_2 平均浓度变化

时间	1750 年前	1958 年	1972 年	2000 年	2005 年	2008 年	2015 年	2020 年
浓度/‰	0.278	0.315	0.325	0.369	0.379	0.385	0.403	0.413

4.1.2　工法形成过程

4.1.2.1　研究开发单位与依托科研项目

本工法由江苏省水利科学研究院研制开发并负责技术指导，江苏省水利建设工程有限公司、江苏盐城水利建设有限公司现场推广应用，总结研究与工程推广应用成果，形成本工法。

依托科研项目主要有：2013 年江苏省水利科技基金资助项目"低渗透高密实表层混凝土施工技术研究与应用"（2013018 号）、2015 年江苏省水利科技基金资助项目"提升沿海涵闸混凝土耐久性关键技术研究与应用"（2015029 号）。

4.1.2.2　关键技术

来自海水、海风、海雾中的氯离子，在混凝土中以扩散、渗透、毛细孔吸入 3 种迁移方式向混凝土内渗透扩散。由于氯离子粒径微小，容易由混凝土内渗透扩散，需要混凝土更加致密以阻止氯离子向混凝土内渗透扩散。因此，提高沿海混凝土耐久性，关键是提高混凝土密实性，特别是表层混凝土的密实性，密实是提高混凝土抗氯离子渗透能力的必要条件。

本工法形成了"保障与提升沿海涵闸混凝土耐久性施工成套技术"：

（1）混凝土配制技术。提出通过优选原材料，控制混凝土用水量不高于 $140kg/m^3$、水胶比不宜大于 0.40、复合掺入 35%～50% 的粉煤灰和矿渣粉，是配制沿海水工混凝土配合比关键技术参数；对于 E 级、F 级等严酷环境混凝土，掺入超细掺合料，与水泥、粉煤灰、矿渣粉等形成复合胶凝材料。

（2）混凝土带模养护时间不宜少于 14d 是施工关键技术措施。

（3）处于 E 级、F 级环境下的混凝土实施防腐蚀附加措施，在模板内衬透水模板布等措施提高混凝土自身密实性，或采用硅烷浸渍来延缓、阻止氯离子向混凝土内部的迁移。

（4）提出了混凝土盐水浸泡氯离子渗透深度与氯离子扩散系数之间拟合关系式 [式（4.1）]，相关系数为 0.893，表明显著相关。

$$D_{RCM} = 0.956L - 4.124 \tag{4.1}$$

式中：D_{RCM} 为混凝土标准养护 84d 的氯离子扩散系数，$\times 10^{-12} m^2/s$；L 为 16.5% 盐水

浸泡 35d 氯离子渗透深度，mm。

依据式（4.1）推算 16.5％盐水浸泡 35d 混凝土氯离子渗透深度控制值，见表 4.7，为配合比设计阶段混凝土抗氯盐性能比较提供一种快速测试与评价手段。

表 4.7　　　　　**16.5％盐水浸泡 35d 混凝土氯离子渗透深度控制值 L**

环境作用等级	设 计 使 用 年 限					
	100 年			50 年		
	渗透深度控制值 L/mm			渗透深度控制值 L/mm		
	$D_{cu,k}$ $/(\times 10^{-12}\,\text{m}^2/\text{s})$	$P=85\%$	$P=95\%$	$D_{cu,k}$ $/(\times 10^{-12}\,\text{m}^2/\text{s})$	$P=85\%$	$P=95\%$
Ⅲ-D	<4.5	<8.7	<8.5	<5.0	<9.2	<9.0
Ⅲ-E	<3.5	<7.7	<7.5	<4.5	<8.7	<8.5
Ⅲ-F	<2.5	<6.6	<6.4	<3.5	<7.7	<7.5

注　1. 表中 P 为混凝土氯离子扩散系数的保证率。

　　　2. $D_{cu,k}$ 为混凝土氯离子扩散系数设计值，$\times 10^{-12}\,\text{m}^2/\text{s}$。

4.1.2.3　工法应用

（1）2015 年 8 月—2016 年 5 月在如东县沿海挡潮闸刘埠水闸沿海挡潮闸应用。

（2）2015 年 12 月—2016 年 4 月期间在盐城市大丰区沿海挡潮闸三里闸应用。

4.1.3　知识产权与相关评价

1. 工法衍生标准

"提高沿海涵闸混凝土耐久性施工技术"纳入江苏省地方标准《水利工程预拌混凝土应用技术规范》（DB32/T 3261—2017）、中国科技产业化促进会团体标准《水工混凝土墩墙裂缝防治技术规程》（T/CSPSTC 110—2022）和《表层混凝土低渗透高密实化施工技术规程》（T/CSPSTC 111—2022）以及江苏省水利厅文件《加强水利建设工程混凝土用机制砂质量管理的指导意见》（苏水基〔2021〕03 号）。

2. 获奖情况

"水工混凝土质量提升关键技术"获 2020 年度江苏省水利科技进步奖一等奖。

3. 先进实用技术

"提升沿海涵闸混凝土耐久性施工技术"入选水利部《2023 年度水利先进实用技术重点推广指导目录》（证书号 TZ2023176 号），认定为水利先进实用技术。

4.1.4　工法意义

保障和提高沿海涵闸混凝土耐久性，一方面需要提高混凝土设计标准，提高混凝土抗碳化、抗氯离子侵蚀、抗硫酸盐侵蚀和抗冻能力；另一方面需要严格的施工质量控制，改进现有普通混凝土原材料组成、配合比和施工工艺，采用新材料、新技术和新工艺，进一步提高混凝土密实性、强化保护层混凝土质量。虽然初期投资略有增加，但长期来看，由于减少了建筑物修复和拆除重建的次数，具有较高的经济和社会效益。本工法提出了提升沿海涵闸混凝土耐久性的施工成套技术，为实现混凝土设计寿命目标提供技术支撑和工程示例，提高工程投资效益。

4.2　工法特点、先进性与新颖性

4.2.1　特点

本工法提高了沿海水工混凝土抗氯离子渗透能力，通过控制混凝土用水量不宜大于 $140kg/m^3$、水胶比不大于 0.40 以及复掺 35%～50% 的粉煤灰和矿渣粉，延长混凝土带模养护时间等技术措施，提高混凝土密实性。

非常严重和极端严重的环境下可采取防腐蚀附加措施，在混凝土中掺入超细掺合料、模板内衬透水模板布等措施提高混凝土自身密实性，或采用硅烷浸渍来延缓、阻止氯离子向混凝土内部的迁移。

4.2.2　先进性与新颖性

（1）绿色、低碳、长寿是水工混凝土发展方向。本工法形成了保障与提升沿海涵闸混凝土耐久性施工成套技术，

（2）总结刘埠水闸和三里闸拆建等工程提高混凝土抗氯离子渗透能力应用实践，混凝土配合比设计理念创新，改进目前氯化物环境混凝土用水量偏大、水胶比偏高的传统配制技术，工法提出混凝土配合比采取"二优三低三掺一中"配制方法，即优选原材料、优化配合比，低用水量、低水胶比、较低水泥用量，混凝土胶凝材料采用复掺粉煤灰、矿渣粉，掺量中等偏大，构成复合胶凝材料；推荐氯化物环境混凝土施工配合比参数，即：粉煤灰和矿渣粉掺量 35%～50%，控制混凝土用水量不宜大于 $140kg/m^3$，水胶比不大于 0.40；混凝土中掺入抗裂纤维、通水冷却；施工过程中保证一定的带模养护时间，带模养护时间不宜少于 14d；E 级、F 级环境下的混凝土掺入超细矿物掺合料、内衬透水模板布或硅烷浸渍。采用本技术后，两个工程与同强度等级的混凝土相比碳化或氯离子渗透扩散到钢筋表面的时间可延长 30 年～50 年以上，证明所提出的关键技术的正确性。

（3）三里闸拆建工程混凝土增加投入 10.8 元/m^3，刘埠水闸混凝土增加投入 8 元/m^3；采用内衬透水模板布施工成本增加约 16 元/m^2；延长带模养护时间增加 1.2 元/(m^2·d)。但混凝土碳化或氯离子渗透扩散到钢筋表面的时间可延长 30 年～50 年以上，计算混凝土静态年投资降低 45%～60%；而且减少了服役期间维护成本。因此，经济效益明显，寿命周期成本显著降低。

（4）工法在多个国家和省重点水利工程应用，现场混凝土的表面密实性得到显著提高，混凝土抗碳化的抗氯离子渗透能力得到提高，混凝土耐久性得到保障与提升，也说明工法的先进性和适用性。

（5）与国内外同类工程技术水平相比较，本工法关键技术在水利水电工程行业内处于领先水平。

4.3　适用范围

适用于沿海氯化物环境、除冰盐环境的水工混凝土，也适用于市政、交通、电力等建设工程。

4.4 工艺原理

4.4.1 氯化物环境混凝土病害机理

1. 混凝土中氯离子迁移方式

来自海水、海风、海雾以及除冰盐中的氯离子，在混凝土中迁移方式有：

（1）扩散。由混凝土孔隙液中氯离子浓度梯度引起的离子迁移，是氯离子主要迁移过程。

（2）渗透。在水压力作用下氯离子随水进入混凝土内。

（3）毛细孔吸入。氯离子随水一起在连通的毛细孔中迁移，主要发生在表层 2mm 左右，是迁移速度最快的方式。

3 种方式一般是同时存在的。氯离子在混凝土内迁移过程中部分被胶凝材料水化物消耗或者固结，一定程度上降低了氯离子迁移速率，特别是掺有矿渣粉的混凝土，降低程度会更大。

2. 侵蚀机理

沿海环境氯离子对于混凝土的侵蚀主要体现在氯离子在混凝土表面逐渐累积，然后向混凝土内部不断扩散。渗透力很强的 Cl^- 渗透扩散到钢筋表面并富集到一定浓度时，将破坏钢筋表面的钝化膜而致其锈蚀；同时，由于 Cl^- 能提高混凝土导电率，进一步加剧钢筋的锈蚀。Cl^- 引起的钢筋锈蚀都发生在水变区、浪溅区和水上构件，以浪溅区胸墙等构件最为严重。

氯离子侵蚀是沿海地区混凝土耐久性劣化最重要的环境作用，也是诱发钢筋锈蚀的重要因素，Cl^- 诱发混凝土中钢筋锈蚀的机理主要有：

（1）破坏钝化膜。水泥水化物的高碱性环境使钢筋表面生成一层致密的钝化膜，氯离子到达钢筋表面并达到一定浓度时，可使钢筋周围混凝土的 pH 值迅速降低，击穿钝化膜。

（2）形成"腐蚀电池"。钢筋表面钝化膜破坏后，使破坏部位（点）的钢筋表面露出了铁基体，与表面钝化膜完好的区域之间构成电位差，产生局部腐蚀，并逐渐扩展。

（3）氯离子阳极去极化作用。氯离子加速阳极去极化作用，其反应式为

$$Cl^- + Fe^{2+} + 2H_2O \longrightarrow Fe(OH)_2 + 2H^+ + Cl^- \tag{4.2}$$

（4）氯离子导电作用。腐蚀电池需要有离子通路，混凝土中的氯离子，强化了离子通路，降低了阴、阳极之间的电阻，提高了腐蚀电池的效率，加速了电化学侵蚀过程。

3. 氯离子扩散影响因素

（1）温度。根据 Nernst—Einstein 方程，若温度从 20℃上升到 30℃，氯离子扩散系数增加 1 倍，若温度从 20℃下降到 10℃，氯离子扩散系数可减少一半。

（2）混凝土密实性。表层混凝土越致密，氯离子向混凝土内渗透扩散的速率越慢。

（3）环境水、土和大气中氯离子浓度。环境水、土中的氯离子含量越大，氯离子向混凝土渗透扩散速率也会越快。大气中氯离子浓度随距离海平面高度和海边距离远近含量不同，对混凝土作用程度也不同。《水利水电工程合理使用年限及耐久性设计规范》（SL

654—2014）等规范将轻度盐雾作用区定义为距平均水位 15m 以上的海上大气区或离涨潮岸线 50m～500m 的陆上室外环境，重度盐雾作用区则指距平均水位 15m 以下的海上大气区或离涨潮岸线 50m 内的陆上室外环境。

4.4.2　环境类别

根据《水利水电工程合理使用年限及耐久性设计规范》（SL 654—2014），按混凝土所处环境条件划分，沿海混凝土所处环境类别为三类、四类、五类；其中，海水水下区为三类，海上大气区、水位变化区和轻度盐雾作用区为四类，海水浪溅区、重度盐雾作用区为五类。

沿海水工混凝土受到碳化、冻融、氯离子等侵蚀作用，根据《水利工程混凝土耐久性技术规范》（DB32/T 2333—2013），按环境对钢筋和混凝土材料的腐蚀机理划分，沿海混凝土所处环境类别为氯化物环境、碳化环境和冻融环境。

4.4.3　环境作用等级

1. 环境作用程度分级

环境作用按其对混凝土结构侵蚀的严重程度分为 6 级，见表 4.8。

表 4.8　　　　　　　　　　　　环境作用程度分级

作用等级	作用程度的定性描述	作用等级	作用程度的定性描述
A	轻微（可忽略）	D	严重
B	轻度	E	非常严重
C	中度	F	极端严重

2. 沿海环境作用等级

沿海水工混凝土环境作用等级划分见表 4.9。

表 4.9　　　　　　　　　沿海水工混凝土环境作用等级划分

环境类别	环境条件	环境作用程度	环境作用等级	构件示例
Ⅲ	长期在水下或土中	C	Ⅲ-C	底板、灌注桩、沉井、地连墙等沿海水下构件
	轻度盐雾作用区	D	Ⅲ-D	闸墩、翼墙、胸墙、排架、工作桥
	非炎热地区的海水浪溅区、潮汐区，重度盐雾作用区	E	Ⅲ-E	闸墩、翼墙、胸墙、排架、工作桥
	炎热地区的海水浪溅区、潮汐区	F	Ⅲ-F	闸墩、翼墙、胸墙

注：1. 轻度盐雾作用区指距平均水位 15m 高度以上的海上大气区，或离涨潮岸线 100m～300m 内的陆上室外环境。
　　2. 重度盐雾作用区指距平均水位 15m 高度以内的海上大气区，或离涨潮岸线 100m 内、低于海平面以上 15m 的陆上室外环境。
　　3. 炎热地区指年平均温度高于 20℃ 的地区。

4.4.4　提升沿海涵闸混凝土抗氯离子渗透能力工艺原理

1. 遵循原则

为了提高氯化物环境混凝土抗氯离子渗透能力，混凝土设计与施工应遵循的原则如下：

（1）设计确定建筑物各个部位所处的环境类别和环境作用等级；明确钢筋的混凝土保护层厚度；提出混凝土抗氯离子渗透性能指标、混凝土最大用水量与最大水胶比以及施工过程质量控制要求。

（2）在采用防腐蚀基本措施基础上，采用防腐蚀附加措施。

（3）施工过程中选用质量稳定并有利于改善混凝土抗裂性能、降低混凝土用水量的水泥和骨料等原材料，混凝土组成中掺入矿物掺合料，适当降低混凝土水胶比，掺入优质引气剂。

（4）确保混凝土保护层厚度，使用合格的保护层垫块。

（5）制定裂缝预防、提高混凝土质量匀质性施工方案。

（6）施工时保证混凝土能及时养护，并有较长的养护时间。

2. 工艺原理

氯化物环境混凝土可以看成是高性能混凝土，2.4 节高性能混凝土的工艺原理同样适用于沿海氯化物环境下的混凝土。提高氯化物环境混凝土抗氯离子渗透能力工艺原理如下：

（1）高密实混凝土配制技术。来自海水、海风、海雾中的氯离子，在混凝土中以扩散、渗透、毛细孔吸入等 3 种迁移方式向混凝土内渗透扩散。由于氯离子粒径微小，容易向混凝土内渗透扩散，需要混凝土更加致密以阻止氯离子向混凝土内渗透扩散。提高沿海混凝土耐久性，关键是提高混凝土密实性，密实是提高混凝土抗氯离子渗透能力的必要条件。影响混凝土抗氯离子渗透性能的因素主要有水胶比、用水量、矿物掺合料掺量。由于氯离子粒径比 CO_2 更微小，容易向混凝土内渗透扩散，因此，应采用较低的用水量和水胶比形成结构致密的混凝土，有效阻止氯离子向混凝土内渗透扩散。

（2）选用优质常规原材料。水泥宜选用 52.5 硅酸盐水泥或普通硅酸盐水泥，水泥熟料中铝酸三钙（C_3A）含量不宜大于 8%；粉煤灰宜为 F 类 I 级粉煤灰，或烧失量不大于 5.0%、需水量比不大于 100% 的 F 类 II 级灰；粒化高炉矿渣粉宜选用 S95 级，有温度控制要求的混凝土所使用的矿渣粉比表面积不宜大于 $450m^2/kg$；选用能够降低混凝土用水量、提高体积稳定性能的粗细骨料，优先使用石灰岩制成的骨料，骨料品质宜达到 I 类，设计使用年限为 50 年及以下的混凝土可使用 II 类骨料，粗骨料粒径不宜大于 25mm；减水剂的减水率宜不小于 25%，并掺入优质引气剂。

（3）控制水胶比。控制水胶比是氯化物环境混凝土配合比设计关键技术。大量的研究和工程应用表明，很多抗碳化性能表现良好的混凝土，可能并不能表现出良好的抗氯离子渗透能力（尤其是水胶比和水泥用量偏大的混凝土）。由于氯离子粒径微小，混凝土需要更加致密以阻止氯离子向混凝土内渗透扩散，这也是氯化物环境比内河淡水环境混凝土水胶比更低、矿物掺合料掺量更多、施工质量控制要求更严的原因。

混凝土氯离子扩散系数与水胶比、电通量与水胶比之间分别呈线性关系（图 4.1），统计 203 组标准养护试件 84d 龄期氯离子扩散系数与水胶比之间关系见式（4.3），统计 164 组标准养护试件 56d 龄期电通量与水胶比之间关系见式（4.4）。

$$D_{RCM} = 25.421w/b - 6.565 \qquad (4.3)$$
$$E = 6781.2w/b - 1751.8 \qquad (4.4)$$

式中：D_{RCM} 为混凝土氯离子扩散系数，$\times 10^{-12} \text{m}^2/\text{s}$；$w/b$ 为混凝土水胶比；E 为混凝土电通量，C。

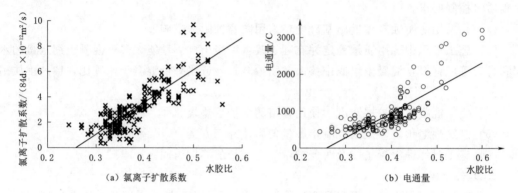

图 4.1　水胶比与氯离子扩散系数和电通量之间的关系图

（4）控制用水量。随着用水量增大，混凝土电通量和氯离子扩散系数显著增加。作者比较 7 组不同用水量的混凝土电通量和氯离子扩散系数试验结果，见表 4.10。在试验条件下，随着用水量的增加，混凝土电通量和氯离子扩散系数均显著增加，当用水量大于 175kg/m^3 时，氯离子扩散系数急骤增加。试验结果表明随着单位用水量的增加，混凝土密实性能、抗氯离子渗透性能显著降低，也说明控制混凝土用水量同样是氯化物环境混凝土配合比设计的关键。

表 4.10　　　　　　　　　混凝土用水量与水胶比对抗氯离子渗透性能影响

试验号	胶凝材料/（kg/m³）			坍落度 /mm	用水量 /（kg/m³）	水胶比	电通量/C		氯离子扩散系数 /（$\times 10^{-12} \text{m}^2/\text{s}$）	
	P・O42.5 水泥	粉煤灰	矿渣粉				28d	56d	28d	84d
1				180	145	0.372	1348	624	2.731	1.362
2				180	155	0.397	1560	786	5.781	2.631
3				180	160	0.410	1820	1015	6.98	3.327
4	250	70	70	180	165	0.423	2135	1516	7.958	4.388
5				180	170	0.436	2278	1785	9.675	5.645
6				180	175	0.449	2780	2206	11.323	7.387
7				180	185	0.500	3692	2845	19.236	11.932

（5）中（大）掺量矿物掺合料混凝土。氯化物环境混凝土中掺入矿物掺合料可以改善混凝土孔隙结构，降低孔隙率，细化孔径；同时矿渣粉提高了混凝土对氯离子的物理吸附和化学结合的能力。因此，氯化物环境配筋混凝土宜复合掺入粉煤灰、矿渣粉，采用中等（大）掺量矿物掺合料混凝土配制技术，掺量宜为 35%～50%。

（6）保证带模养护时间。沿海地区环境多风，且风速大，拆模过早会使表层混凝土失水加快，不利于混凝土养护，表层混凝土易形成龟裂缝和有害孔隙，保证带模养护时间是提升现场混凝土抗氯离子渗透和抗碳化能力的关键施工技术措施。设计使用年限为 50 年、

100 年的混凝土，带模养护时间分别不宜少于 10d、14d，拆模后及时实施覆盖、覆膜、喷雾等养护措施。

（7）氯化物环境作用等级为非常严重（E 级）、极端严重（F 级）的混凝土，可采取掺入超细掺合料、模板内衬透水模板布、表面硅烷浸渍、涂刷无机水性渗透结晶材料或纳米硅离子防水材料等防腐蚀附加措施。

4.5　施工工艺流程与操作要点

4.5.1　工艺流程

保障与提升沿海涵闸混凝土耐久性施工工艺流程图，见图 4.2。

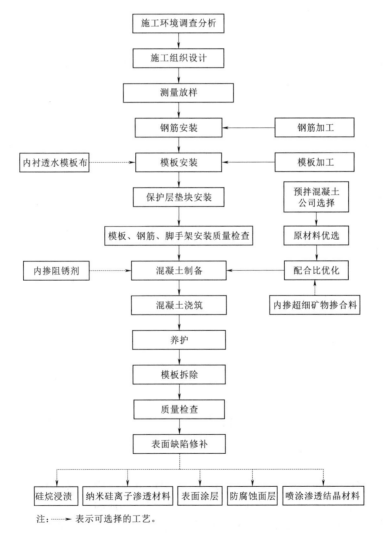

注：┈┈➤ 表示可选择的工艺。

图 4.2　提升沿海混凝土抗氯离子渗透能力流程图

4.5.2 操作要点

4.5.2.1 施工环境调查分析

调查混凝土施工期间环境气温、风速、雨雪天气等情况，并分析对混凝土强度增长、表层混凝土密实性能、裂缝预防等影响。

4.5.2.2 施工组织设计

（1）氯化物环境实现混凝土低用水量、低水胶比配制技术目标，满足混凝土抗氯离子渗透性能、抗裂性等耐久性能要求，混凝土原材料选用和配合比优化设计原则。

（2）与结构耐久性有关的结构构造措施、施工缝和混凝土裂缝控制做法。

（3）与耐久性有关的施工要求，特别是混凝土养护和保护层厚度质量控制与质量保证措施。

（4）设计要求的防腐蚀附加措施的技术方案。

4.5.2.3 测量放样

复核导线控制网和水准点。确定各结构构件的几何中心、纵横向轴线、位置线以及埋件位置线，用墨线或红油漆等标记。

4.5.2.4 钢筋制作安装

钢筋制作安装工艺流程可参照 2.5.2.4 节。

4.5.2.5 模板安装

1. 普通模板安装

普通模板安装工艺流程和操作要点见 2.5.2.5 节。

2. 模板内衬透水模板布

沿海水工建筑物水上构件，特别是梁、板的底面，宜采用模板内衬透水模板布防腐蚀附加措施，模板布粘贴和模板安装工艺流程和操作要点见 3.5.3.5 节。

3. 保护层垫块安装

保护层垫块安装见 2.5.2.6 节，保护层垫块应在钢筋安装完成、模板安装前安放到钢筋上，并与钢筋绑扎牢固。

4.5.2.6 混凝土制备

1. 预拌混凝土公司选择

预拌混凝土公司选择时，应对企业信誉、资质、质量管理等情况进行考核，选择有良好业绩和管理能力的生产企业。

供应合同签订时，应对混凝土原材料品质、配合比参数、混凝土性能指标以及生产工艺等提出明确要求。

2. 原材料优选

实现混凝土有较高的抗氯离子渗透能力，应根据混凝土性能要求和所处环境条件，选择有利于降低混凝土用水量、水泥用量、水化热和收缩的原材料。其中，粉煤灰宜选用 F 类 I 级灰，或烧失量不大于 5.0%、需水量比不大于 100% 的 F 类 II 级灰；粗骨料的品质宜符合《建设用卵石、碎石》（GB/T 14685—2022）中 I 类粗骨料，细骨料的品质宜符合《建设用砂》（GB/T 14684—2022）中 I 类细骨料；减水剂的减水率不宜低于 25%。

3．配合比优化

氯化物环境混凝土配合比宜通过优化设计，根据不同结构部位的环境条件、设计使用年限目标和混凝土类型合理选取。混凝土配合比设计主要控制指标以及采取的技术措施参见表 2.1。

4．混凝土生产

混凝土生产工艺流程，详见 2.5.2.8 节。

4.5.2.7　混凝土浇筑

1．浇筑准备

混凝土浇筑前进行下列准备工作：

（1）根据待浇筑结构物的结构特点、环境条件、混凝土浇筑量等制定浇筑工艺方案，工艺方案应对施工缝设置、浇筑顺序、浇筑工具、防裂措施、保护层厚度控制等作出明确规定，提出保证混凝土均匀性、连续性和密实性的措施。

（2）混凝土结合面应凿毛清理干净。

（3）仓内杂物、积水应清理干净，模板缝隙、孔洞应堵塞严密。

（4）模板、钢筋、止水片（带）、预埋件安装等工序质量应验收合格。

（5）大风天气宜设置挡风设施。

2．工艺流程

混凝土现场浇筑施工应符合《水工混凝土施工规范》（SL 677—2014）或《水闸施工规范》（SL 27—2014）的规定。

混凝土浇筑工艺流程，包括串管等缓降设施设置、开仓前检查、砂浆润管、泵送入仓、平仓、振捣和收面等工艺过程，与高性能混凝土施工一致，详见 2.5.2.8 节。

混凝土振捣应选择有经验的振捣工进行振捣，混凝土不要过振，振动棒避免碰到模板和钢筋，与模板距离 10cm～15cm。

4.5.2.8　养护

1．拆模前混凝土养护

（1）混凝土浇筑完成后，底板、消力池、护坦、墩墙的顶面应立即在表面覆盖塑料薄膜，6h～18h 后或者在抹面完成后应进行保湿养护。养护应专人负责，并做好记录。

（2）在 10℃以上天气条件下施工期间宜在靠近模板 1m～1.5m 设置喷雾装置，梅花形布置，自混凝土开始浇筑直至养护结束采取喷雾养护。

（3）考虑到沿海混凝土强度增长、表层混凝土良好孔隙结构形成等因素，在混凝土浇筑完成后，应保证一定的带模养护时间。闸墩、翼墙、胸墙、排架和工作桥等构件，带模养护时间不宜少于 14d；底板、消力池、护坦等水下构件带模养护时间不宜少于 10d。

（4）遇气温骤降，不应拆模。有温度控制要求的重要结构和关键部位，应根据温度监测数据确定保温养护期限。

（5）带模养护期间宜松开模板补充养护水。遇气温骤降、大风天气，不应拆模。

2．拆模后混凝土养护

（1）拆模后，宜采取包裹复合土工膜、外贴节水养护膜、喷涂养护剂、喷淋、洒水等保湿养护措施，人工洒水养护应能保持混凝土表面充分潮湿。

（2）有温度控制要求的混凝土覆盖土工布、草帘等材料保温养护。

（3）氯化物环境混凝土基本属于大掺量矿物掺合料混凝土，因此，连续湿养护时间不应少于28d。

（4）气温低于5℃时，应按冬季施工技术措施进行保温养护，不应洒水养护。

4.5.2.9　模板拆除

（1）模板的拆除顺序和方法，应遵循先支后拆、后支先拆、自上而下进行。

（2）模板拆除不应硬撬、硬砸，防止对构件棱角造成损伤。

4.5.2.10　质量检查

混凝土结束养护后，按《水利工程施工质量检验与评定规范　第2部分：建筑工程》（DB32/T 2334.2—2013）的规定进行混凝土外观质量检查，并形成检查记录。

4.5.2.11　质量缺陷处理

混凝土缺陷处理工艺流程与高性能混凝土施工一致，详见2.5.2.14节。

混凝土施工质量缺陷按《水闸施工规范》（SL 27—2014）、《水利工程混凝土耐久性技术规范》（DB32/T 2333—2013）和《水利工程施工质量检验与评定规范　第2部分：建筑工程》（DB32/T 2334.2—2013）的规定进行处理。施工单位制定缺陷处理专项方案，必要时，组织专家论证或专题讨论。混凝土缺陷处理力求表面平整、色泽一致、无明显可见的修补痕迹。

混凝土内衬透水模板布的混凝土表面颜色深于普通模板浇筑的混凝土，表面修补砂浆、混凝土应进行调色处理，先对比试验再进行修补处理。

缺陷处理结束施工单位组织验收，并根据规定形成缺陷备案表。

4.5.2.12　防腐蚀附加措施

1. 硅烷浸渍

混凝土表面硅烷浸渍工艺流程见图4.3。

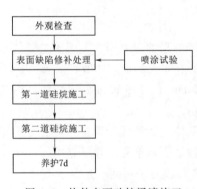

图4.3　构件表面硅烷浸渍施工工艺流程

（1）外观检查。检查混凝土表面是否存在裂缝、气孔、蜂窝、麻面等施工缺陷。

（2）表面缺陷修补处理。混凝土表面外观检查发现的施工缺陷进行修补处理。

（3）喷涂试验。硅烷浸渍前应进行喷涂试验，试验区面积不宜少于$10m^2$。按《水运工程结构防腐蚀施工规范》（JTS/T 209—2020）进行混凝土硅烷浸渍后吸水率、硅烷浸渍深度和氯化物吸收量的降低效果测试。当测试结果符合规定的合格判定标准时，方可在结构表面进行硅烷浸渍施工。

（4）施工。硅烷浸渍施工分为辊涂和喷涂两种工艺。宜分两道完成，使用液体硅烷时可喷涂施工，每道用量宜为$200mL/m^2 \sim 400mL/m^2$；使用膏体硅烷时可辊涂施工，每道用量宜为$100g/m^2 \sim 200g/m^2$。

2. 喷涂纳米硅渗透材料

现场混凝土表面喷涂 PY－1 纳米硅离子渗透性无机防腐材料，是一种无色、无毒、可以深层渗透的混凝土液体防腐防水材料，分为 A、B 两组分，其中，A 组分是一种纳米级的硅酸盐渗透剂，B 组分是一种无机纳米硅酸盐结晶剂。该材料与混凝土内的游离钙产生化学反应，在混凝土内形成 CSH 结晶体，填充混凝土内细小孔隙，使表层混凝土更加致密，产生很高的防腐防水效果，使混凝土抗氯离子渗透能力得到提升。

可采用机械喷涂设备直接喷涂在混凝土表面，也可采用人工涂刷，工艺流程见图 4.4。

（1）外观检查。检查混凝土表面是否存在裂缝、气孔、蜂窝、麻面等施工缺陷。

（2）表面缺陷修补处理。混凝土表面外观检查发现的施工缺陷进行修补处理。表面蜂窝用水泥砂浆或细石混凝土修补，表面气孔用专用腻子嵌填修补。混凝土表面油污、脱模剂、浮浆皮等清理干净，避免影响材料渗透。表面附着的灰尘吹扫干净。检查混凝土表面应无灰尘。

（3）将材料摇匀后倒入喷雾器中，喷涂 A 组分第一遍。喷涂时，速度缓慢、均匀，基面需达到充分湿润，吸入过快需补喷。第一遍喷完后再喷第二遍。两遍 A 组分喷完后用量约为 $300mL/m^2$。表面吸入 A 组分后再喷一遍水，促进 A 组分的渗透。

（4）当表面彻底干燥后喷涂 B 组分，用量约为 $300mL/m^2$。将 B 组分材料摇匀后倒入喷雾器中，喷涂 A 组分第一遍。喷涂时，速度缓慢、均匀，基面需达到充分湿润，吸入过快需补喷。

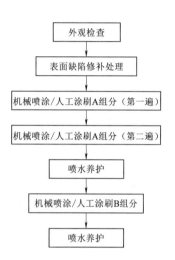

图 4.4　构件表面喷涂无机水性渗透结晶材料工艺流程

（5）施工 6h 后表面会有光泽度，手摸有腻感，水倒入混凝土表面形成水珠，表面材料防护效果已发挥。

（6）雨天、风力大于 5 级及以上的天气不宜进行喷涂作业，气温低于 0℃或高于 40℃时不应作业。

3. 表面涂层

现场混凝土表面涂层施工，可采用机械喷涂，也可采用人工涂刷，工艺流程见图 4.5。

（1）外观检查。检查混凝土表面是否存在裂缝、气孔、蜂窝、麻面等施工缺陷。

（2）表面缺陷修补处理。混凝土表面外观检查发现的施工缺陷进行修补处理。

（3）混凝土实施表面涂层封闭保护的，可由人工涂刷，或采用无气喷涂机作业。涂层材料宜为环氧涂料、丙烯酸酯涂料、聚氨酯涂料等。施工前混凝土表面含水率应符合产品说明书或有关规范的规定。宜分 2～3 次施工，每一遍需待上一遍涂层固化完全后再涂刷。

4. 防腐蚀面层

防腐蚀面层主要在混凝土表面粘贴防护板材，如石材、人造大理石、瓷砖等。粘贴作业工艺流程见图 4.6。

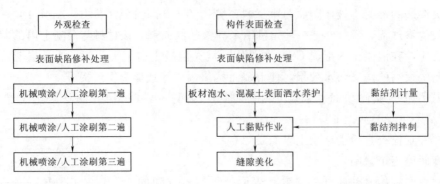

图 4.5　构件表面涂层施工工艺流程　　图 4.6　构件表面防腐蚀面层
施工工艺流程

（1）外观检查。检查混凝土表面是否存在裂缝、气孔、蜂窝、麻面等施工缺陷。

（2）表面缺陷修补处理。混凝土表面外观检查发现的施工缺陷进行修补处理。

（3）防护板材黏贴。根据板材品种，石材、瓷砖等需要先泡水；黏结剂经计量、拌和后，进行板材黏贴。

（4）缝隙美化。板材板缝内嵌填水泥砂浆、黏结剂等材料，并对缝隙进行美化处理。

4.5.3　施工组织

混凝土施工钢筋安装、模板安装和混凝土生产、运输等施工组织与常规混凝土相同，混凝土浇筑施工 1 个班组人员安排见表 2.3，透水模板布粘贴施工 1 个班组人员接排见表 3.1。

4.6　材料与设备

4.6.1　原材料

1. 原材料选择原则

实现氯化物环境混凝土有较高的抗氯离子渗透能力，应根据混凝土性能要求和所处环境条件，选择有利于降低混凝土用水量、水化热及其温升和收缩的原材料。

2. 品质要求

（1）水泥。宜选择品质稳定的 52.5 级硅酸盐水泥或普通硅酸盐水泥，水泥熟料中铝酸三钙（C_3A）含量不宜大于 8%；水泥中的混合材宜为矿渣或粉煤灰；不宜使用早强水泥，比表面积不宜大于 380m²/kg；标准稠度用水量不宜大于 28%，碱含量小于 0.6%，氯离子含量小于 0.06%；其他性能指标应符合《通用硅酸盐水泥》（GB 175—2023）和《水利工程预拌混凝土应用技术规范》（DB32/ T 3261—2017）的规定。混凝土拌和时水泥温度不宜高于 60℃。

（2）粉煤灰。宜选择 F 类 I 级粉煤灰，或烧失量不大于 5.0%、需水量比不大于 100% 的 F 类 II 级灰；粉煤灰品质应符合《用于水泥和混凝土中的粉煤灰》（GB 1596—2017）的规定。不应使用脱硫灰、脱硝灰、浮油灰、磨细灰和原状灰。

（3）矿渣粉。选用符合《用于水泥和混凝土中的粒化高炉矿渣粉》（GB/T 18046—

2017）中规定的 S95 级，用于有温度控制要求的混凝土矿渣粉比表面积宜小于 $450m^2/kg$。

（4）骨料。骨料应颗粒洁净、质地均匀、坚硬、级配合理、粒形良好、吸水率低、空隙率小，不应含有风化骨料。应选用能够降低混凝土用水量、提高体积稳定性的骨料。粗骨料和细骨料的品质除应符合 2.6.1 节的要求外，尚需符合下列要求：

粗骨料最大粒径宜符合表 4.11 的规定。

表 4.11   **氯化物环境混凝土中粗骨料最大公称粒径**   单位：mm

环境作用等级	环境类别	混凝土保护层厚度						
		25	30	35	40	45	50	≥55
Ⅲ-C、Ⅲ-D、Ⅲ-E、Ⅲ-F	三、四、五	16	16	20	20	25	25	31.5

（5）水。混凝土拌和用水宜使用符合国家标准的饮用水；使用地表水、地下水和其他类型水时，水中不应含有影响水泥正常凝结、硬化和加速钢筋锈蚀的有害物质，应对水质进行检验，检验结果应符合《水工混凝土施工规范》（SL 677—2014）的规定。

（6）外加剂。混凝土宜使用高性能减水剂，外加剂的性能指标应符合《混凝土外加剂》（GB 8076—2008）的规定，减水率不宜低于 25%，28d 收缩率比不宜大于 110%；有抗冻要求的混凝土应使用引气剂或引气减水剂；配制低收缩混凝土时，可复合选用减水剂与减缩剂，或减缩型减水剂。

外加剂与胶凝材料之间应具有良好的相容性；引气剂或引气型减水剂应有良好的气泡稳定性。

（7）纤维。合成纤维断裂强度不宜低于 500MPa，初始模量不宜低于 4.5GPa，断裂伸长率宜控制在 15%～30%，裂缝降低系数不应低于 70%。合成纤维宜选用聚丙烯腈抗裂纤维、聚丙烯纤维，品质应符合《水泥混凝土和砂浆用合成纤维》（GB/T 21120—2010）和《纤维混凝土应用技术规程》（JGJ/T 221—2010）的规定。钢纤维的质量应符合《水工纤维混凝土应用技术规范》（SL/T 805—2020）的规定；钢纤维长度宜为 20mm～60mm，且不宜小于粗骨料最大粒径的 1.5 倍，当量直径宜为 0.2mm～0.9mm，长径比宜为 30～80；钢纤维不宜用于氯化物环境中浪溅区和水位变动区的混凝土。

4.6.2 混凝土

1. 基本要求

（1）混凝土应满足设计强度以及抗碳化、抗氯离子渗透、抗冻、抗渗等耐久性能要求。

（2）有温度控制要求的混凝土应有良好的体积稳定性和低热性。

（3）现场表层混凝土应有良好的密实性能，满足设计要求的力学性能以及抗氯离子渗透、抗碳化、抗冻、抗渗、表面密实性能等要求。

2. 拌和物性能

混凝土拌和物的工作性能应满足施工工艺要求，混凝土含气量应符合设计要求以及表 2.5 的要求；混凝土入仓温度应符合设计要求，设计未规定的，一般不宜大于 28℃。

3. 力学性能

（1）混凝土各个龄期的力学性能应满足设计要求。

（2）现场混凝土抗压强度检验结果应满足设计要求。

4. 耐久性能

（1）混凝土抗氯离子渗透性能控制指标，详见表 2.7。

（2）混凝土碳化深度控制指标，详见表 2.6。

（3）混凝土抗冻性能应符合设计要求；设计未规定的，以江苏沿海混凝土为例，应符合《水利工程混凝土耐久性技术规范》（DB32/T 2333—2013）的规定（表 4.12）。

表 4.12　　　　　　　　江苏沿海氯化物环境混凝土抗冻性能等级

环境条件	六垛闸以南沿海地区			六垛闸以北沿海地区		
	50 年	100 年	150 年	50 年	100 年	150 年
大气区	≥F50	≥F50	≥F100	≥F50	≥F100	≥F150
浪溅区、水位变化区	≥F50	≥F100	≥F150	≥F100	≥F200	≥F250

（4）混凝土抗渗性能应符合设计要求；设计未规定的，应符合《水利工程混凝土耐久性技术规范》（DB32/T 2333—2013）的规定。

（5）混凝土早期抗裂性能与收缩率应满足设计要求，设计未要求的，推荐满足表 4.13 的控制指标。

表 4.13　　　　　　　　混凝土早期抗裂性能与收缩率推荐控制指标

早期抗裂性能（单位面积上的总开裂面积，mm^2/m^2）	72h 收缩率（非接触法，$\times 10^{-6}$）
<（100～400）	<300

5. 配合比参数

（1）影响混凝土抗氯离子渗透性能因素。

1）龄期。随着龄期的增长，混凝土抗氯离子渗透性能提高，氯离子扩散系数降低，氯离子扩散系数与龄期之间关系为

$$D_t = 2D_0(t_0/t)^m \qquad (4.5)$$

式中：D_t 为龄期 t 时混凝土的氯离子扩散系数，$\times 10^{-12} m^2/s$；D_0 为龄期 t_0 时混凝土的氯离子扩散系数，$\times 10^{-12} m^2/s$；m 为与混凝土成分有关的常数，取 0.6。

2）水胶比与用水量。试验和工程实践表明，很多抗碳化性能表现良好的混凝土，可能并不能表现出同样的抗氯离子渗透能力，由于氯离子粒径微小，容易向混凝土内渗透扩散，需要混凝土更加致密以阻止氯离子向混凝土内渗透扩散，这也是氯化物环境混凝土设计强度等级要比仅受到碳化影响的混凝土高，或者说水胶比要比较低的原因。

用水量、水胶比以及矿物掺合料掺量是影响混凝土氯离子扩散系数、电通量的主要因素，采用低用水量、低水胶比、掺入矿物掺合料是氯化物环境混凝土配合比设计关键技术。氯化物环境混凝土配合比设计在选择数组不同水胶比和不同矿物掺合料掺量后，进行氯离子扩散系数或电通量试验，筛选满足氯离子扩散系数试配值和电通量设计值的配合比参数。

3）矿物掺合料。《水利水电工程合理使用年限及耐久性设计规范》（SL 654—2014）规定：氯化物环境中配筋混凝土应采用掺有矿物掺合料的混凝土。处于三类、四类、五类的氯化物环境下的配筋混凝土，宜采用中（大）掺量矿物掺合料混凝土。混凝土中掺入矿物掺合料，对抗氯离子渗透性能改善作用主要归因于以下两个方面：

a）矿物掺合料改善了混凝土内部的微观结构和水化产物的组成，混凝土孔隙率降低，孔径细化，使混凝土对 Cl⁻ 渗透扩散阻力提高。火山灰效应减少了具有粗大晶体颗粒的水泥水化产物 $Ca(OH)_2$ 的数量及其在水泥石－骨料界面过渡区的富集与定向排列，优化了界面结构，并生成强度更高、稳定性更优、数量更多的低碱度水化硅酸钙凝胶。同时掺合料的密实填充作用使水泥石结构和界面结构更加致密。

b）矿物掺合料提高了混凝土对 Cl⁻ 的物理吸附或化学结合能力，即固化能力。水泥石孔结构的细化使其对 Cl⁻ 的物理吸附能力增强；二次水化反应生成的 C－S－H 凝胶也增强了结合 Cl⁻ 的能力；掺合料中较高含量的无定型 Al_2O_3 能与氯离子、$Ca(OH)_2$ 生成 Friedel 盐；矿渣粉本身还具有吸附 Cl⁻ 的能力。

在胶凝材料用量和用水量不变情况下，粉煤灰和矿渣粉掺量对混凝土电通量和氯离子扩散系数影响见表 4.14。由表 4.14 可见，在固定粉煤灰掺量为 20% 时，混凝土电通量和氯离子扩散系数均随着矿渣粉掺量的增加而降低；在固定矿渣粉掺量为 25% 时，混凝土电通量和氯离子扩散系数均随着粉煤灰掺量的增加，呈先降低再增加的趋势。吴丽君等试验研究得出不同掺合料对混凝土抗氯离子渗透性能影响顺序为：掺 40% 矿渣粉混凝土＞掺 10% 粉煤灰+5% 硅灰混凝土＞掺 20% 粉煤灰混凝土＞普通混凝土。

表 4.14   掺合料及其掺量对混凝土氯离子扩散系数与电通量的影响

胶凝材料用量 /(kg/m³)	用水量 /(kg/m³)	坍落度 /mm	掺合料掺量 /%		氯离子扩散系数 /(×10⁻¹² m²/s)		电通量 /C	
			粉煤灰	矿渣粉	28d	84d	28d	56d
390	150	180	20	15	5.592	2.94	2142	1116
				25	4.698	2.225	1589	868
				35	4.217	2.054	1350	711
			10	25	5.137	2.860	2079	1152
			20		4.651	2.569	1638	878
			30		5.247	3.290	1818	1044

（2）氯化物环境混凝土配合比设计。

1）氯离子扩散系数试配值。氯化物环境下混凝土氯离子扩散系数按式（4.6）计算试配值：

$$D_{cu,o} \leqslant D_{cu,k} - k\sigma \qquad (4.6)$$

式中：$D_{cu,o}$ 为混凝土氯离子扩散系数试配值，$\times 10^{-12}$ m²/s；$D_{cu,k}$ 为氯离子扩散系数设计值，按设计要求确定；设计未规定的，按有关规范确定；k 为氯离子扩散系数保证率系数，保证率为 85%、95% 时，k 值分别取 1.04 和 1.645，舟山金塘大桥保证率取 85%，港珠澳大桥保证率取 95%；σ 为氯离子扩散系数标准偏差的统计值，按统计资料取值，若无近期统计资料，C30 及以下混凝土取 $(0.3\sim0.4)\times10^{-12}\,\mathrm{m^2/s}$，C35～C60 混凝土取 $(0.2\sim0.3)\times10^{-12}\,\mathrm{m^2/s}$。

2）混凝土配合比参数。《水利水电工程合理使用年限及耐久性设计规范》（SL 654—2014）规定设计使用年限为 50 年的海水浪溅区、重度盐雾作用区混凝土最大水胶比为 0.40，海上大气区、轻度盐雾作用区、海水水位变化区混凝土最大水胶比为 0.45；100 年的混凝土最大水胶比分别为 0.35、0.40。《水利工程混凝土耐久性技术规范》（DB32/T 2333—2013）规定氯化物环境混凝土配制技术要求见表 4.15。

表 4.15　　　　　　　　　　氯化物环境混凝土配制技术要求

设计使用年限/年	最大水胶比				最大用水量/(kg/m³)				胶凝材料用量/(kg/m³)			
	Ⅲ-C	Ⅲ-D	Ⅲ-E	Ⅲ-F	Ⅲ-C	Ⅲ-D	Ⅲ-E	Ⅲ-F	Ⅲ-C	Ⅲ-D	Ⅲ-E	Ⅲ-F
30	0.55	0.50	0.45	0.40	175	175	165	160	280～360	300～400	320～420	340～440
50	0.55	0.45	0.40	0.38	170	170	160	155	300～400	320～420	340～450	360～460
100	0.50	0.40	0.36	0.34	160	160	155	145	300～400	340～450	360～480	380～480

注　《水利工程混凝土耐久性技术规范》（DB32/T 2333—2013）根据江苏省环境特点没有Ⅲ-F环境作用等级，Ⅲ-F环境作用等级下的混凝土配制技术要求系作者参照有关资料编制。

（3）C30～C50 混凝土配制参数及拌合物性能控制指标建议值，见 2.6.2 节表 2.11。

（4）以江苏沿海水工混凝土为例，50 年和 100 年设计使用年限下的混凝土推荐配合比及相关性能试验结果见表 4.16。

表 4.16　　　　　　江苏沿海水工混凝土推荐配合比及相关性能试验结果

适用混凝土	构件示例	强度等级	配合比/(kg/m³)①				水胶比	砂率/%	含气量/%	坍落度/mm	28d强度/MPa	28d碳化深度/mm	84d氯离子扩散系数/(×10⁻¹²m²/s)	抗冻等级	抗渗等级
			水泥	粉煤灰	矿渣粉	水									
50年，Ⅲ-C	灌注桩	C30	240②	50	70	165	0.46	42		190	40.7				
100年，Ⅲ-C		C35	240②	70	90	160	0.40	42		200	43.3				
50年，Ⅲ-C	底板铺盖消力池	C30	240②	50	70	160	0.45	38	2.5	190	39.3	18.6	4.054	F50	W6
			240②	60	60	155	0.44	38	3.0	180	40.4	18.9	3.924	F100	W6
			210②	55	75	170	0.50	41	2.5	180	39.8	21.2	4.613	F50	W6
100年，Ⅲ-C		C35	250②	60	60	155	0.44	39	3.0	190	40.6	10.6	3.354	F100	W6
			240②	60	60	158	0.44	38	3.0	180	41.8	18.9	3.924	F100	W6
50年，Ⅲ-D 50年，Ⅳ-D 100年，Ⅳ-C	排架闸墩胸墙工作桥交通桥翼墙	C40	270②	70	70	152	0.38	42	3.0	190	50.1	3.9	3.644	F50	W6
			250②	70	80	153	0.38	39	3.0	190	48.9	6.7	3.510	F100	W6
			170③	70	130	142	0.38	42	2.8	185	47.8	6.4	2.780	F100	W6
			185③	70	110	145	0.38	42	3.0	190	48.9	6.8	3.132	F100	W6
			200③	100	100	143	0.36	40	3.0	190	48.5	6.3	3.076	F100	W6

续表

适用混凝土	构件示例	强度等级	配合比/(kg/m³)①				水胶比	砂率/%	含气量/%	坍落度/mm	28d强度/MPa	28d碳化深度/mm	84d氯离子扩散系数/(×10⁻¹² m²/s)	抗冻等级	抗渗等级
			水泥	粉煤灰	矿渣粉	水									
50年，Ⅲ-E 50年，Ⅳ-E 100年，Ⅲ-D 100年，Ⅳ-D	排架 闸墩 胸墙 工作桥 交通桥 翼墙	C45	175③	105	105	138	0.36	40	3.0	180	54.2	5.1	1.826	F100	W6
			200③	100	100	140	0.35	42	3.2	190	53.6	2.8	1.355	F100	W6
			215③	75	100	138	0.35	36	3.0	190	54.6	3.8	1.653	F100	W6
			230③	65	90	149	0.39	42	3.5	190	54.3	3.6	1.391	F100	W6
100年，Ⅲ-E 100年，Ⅳ-E		C50	205③	95	120	135	0.32	38	3.8	190	58.9	2.3	1.216	F200	W6
			225③	100	95	138	0.33	36	3.5	190	59.1	1.9	1.098	F200	W6

① 表中未列入外加剂的用量，具体工程应根据混凝土性能要求掺入合适的外加剂，满足混凝土用水量、坍落度、含气量等要求。

② 使用 P·O42.5 水泥。

③ 使用 P·O52.5 水泥。

6. 现场混凝土

（1）强度。现场混凝土强度采用回弹法等无损方法检测，检测结果应满足设计要求。

（2）自然碳化深度。现场水上构件混凝土自然碳化深度宜符合表 2.12 的要求。

（3）空气渗透系数控制指标，宜符合表 4.17 的建议。

表 4.17　　　　　　现场混凝土空气渗透系数控制指标

设计使用年限/年	环境条件	环境作用等级	空气渗透系数/(×10⁻¹⁶ m²)
100	轻度盐雾作用区	Ⅲ-D	≤0.9
	浪溅区和重度盐雾作用区	Ⅲ-E、Ⅲ-F	≤0.70
50	轻度盐雾作用区	Ⅲ-D	≤1.0
	浪溅区和重度盐雾作用区	Ⅲ-E、Ⅲ-F	≤0.90

4.6.3 模板

沿海建筑物用模板为工程施工中常用的胶合板、木模板、钢模板等，必要时还可采用内衬透水模板布、保温保湿养护模板。模板质量控制详见 2.6.3 节、3.6.3 节。

4.6.4 设备

（1）模板制作安装设备：剪刀、铲刀、钢直尺、钢丝刷、磨光机、抹布、小锤、电钻、木工电锯、手揿式注水泵等。

（2）模板吊装设备：汽车起重机、手拉葫芦等。

（3）混凝土浇筑设备：常规混凝土浇筑施工所需机具设备，如振动棒、溜管、溜槽等。

（4）主要检测设备：混凝土保护层厚度测定仪、钢直尺、混凝土回弹仪等。

4.7　质量控制

4.7.1　一般要求

（1）施工单位应根据《大体积混凝土施工标准》（GB 50496—2018）、《水闸施工规范》（SL 27—2014）、《水工混凝土施工规范》（SL 677—2014）和《水利工程预拌混凝土应用技术规范》（DB32/T 3261—2017）的规定，制定混凝土施工方案，并履行有关的批准手续。

（2）有温控要求的工程，应根据工程环境特点、结构特点制定混凝土温控方案，必要时组织温控方案论证。

（3）混凝土施工宜对试验室配合比进行工艺性试浇筑和首件认可检查。

（4）混凝土抗冻、抗渗、碳化、抗氯离子渗透、电通量、非接触式早期收缩、早期抗裂等试验方法，按《普通混凝土长期性能和耐久性能试验方法标准》（GB/T 50082—2008）或《水工混凝土试验规程》（SL/T 352—2020）的规定进行试验。

（5）现场混凝土表面透气性能质量等级划分、空气渗透系数控制指标见表 2.13 和表 2.14。

4.7.2　执行的标准

氯化物环境混凝土施工遵循的标准，包括材料标准、施工规范、验收评定规范等，除执行表 2.15 所列标准外，还宜执行或参照下列标准：

《水工建筑物抗冰冻设计规范》（GB/T 50662—2011）；

《水运工程结构耐久性设计标准》（JTS 153—2015）；

《水运工程结构防腐蚀施工规范》（JTS/T 209—2020）；

《混凝土工程用透水模板布》（JT/T 736—2015）；

《无机水性渗透结晶型材料应用技术规程》（T/CECS 848—2021）；

《水工混凝土墩墙裂缝防治技术规程》（T/CSPSTC 110—2022）；

《表层混凝土低渗透高密实化施工技术规程》（T/CSPSTC 111—2022）。

4.7.3　关键工序质量控制要求

本工法关键工序为内衬透水模板布粘贴、养护（带模养护和拆模后的养护）、硅烷浸渍、喷涂无机水性防水材料等。

关键工序质量控制按 2.7.2 节和 3.7.3 节的要求执行。

4.7.4　技术措施与方法

氯化物环境混凝土施工技术措施与方法除执行 2.7.3 节外，还需采取以下技术措施：

（1）选择有利于降低混凝土用水量、提高混凝土体积稳定性的优质常规原材料。

（2）优化配合比设计，采用低用水量、低水胶比、中等矿物掺合料掺量配制技术。

（3）保证混凝土带模养护时间、拆模后的保湿养护时间。

（4）处于非常严重（E 级）和极端严重（F 级）环境下的结构，宜采用模板内衬透水模板布进一步提高表层混凝土密实性，或实施表面硅烷浸渍、喷涂无机水性渗透结晶材料、顶面真空吸水等防腐蚀附加措施。

4.7.5 质量控制标准

1. 钢筋与模板制作安装

钢筋制作安装、模板制作安装应符合《水工混凝土施工规范》（SL 677—2014）的规定，质量检验评定应符合《水利工程施工质量检验与评定规范》（DB32/T 2334—2013）的规定。

钢筋与模板制作安装质量控制标准见 2.7.4 节，透水模板布粘贴质量控制要点详见 3.5.3.5 节。

2. 混凝土制备与浇筑质量控制

混凝土制备与浇筑质量控制要点见 2.7 节。

3. 混凝土温度控制

氯化物环境混凝土设计强度等级相对较高，混凝土中胶凝材料用量较大，应采取严格的温度控制措施。混凝土裂缝控制应采取预防为主的原则，从设计、材料、施工等环节采取措施预防裂缝。

混凝土入仓温度应符合设计要求；设计未规定的，入仓温度不宜大于 28℃。混凝土内部最高温度不宜大于 65℃，且温升值不宜大于 50℃。混凝土内部温度与表面温度之差不宜大于 25℃，表面温度与环境温度之差不宜大于 20℃，混凝土表面温度与养护水温度之差不宜大于 15℃。混凝土内部降温速率不宜大于 2℃/d～3℃/d。

4. 混凝土养护

（1）氯化物环境混凝土的水胶比低、矿物掺合料掺量大，需要足够的持续湿养护时间保证混凝土强度增长，形成良好孔隙结构。沿海地区风速往往较大，早晚温差大，宜延长带模养护时间，设计使用年限为 50 年及以上的混凝土不宜少于 14d。带模养护期间宜松开模板补充养护水。遇气温骤降，不应拆模。

（2）混凝土连续湿养护时间不宜少于 28d，大掺量矿物掺合料的混凝土还宜适当延长。

5. 现场混凝土成品质量

现场混凝土质量检验评定应符合表 2.18 的要求。

4.7.6 质量检验

4.7.6.1 检验项目

氯化物环境混凝土质量检验项目见表 4.18。

表 4.18　　　　　　　　　　　氯化物环境混凝土质量检验项目

类别	检 验 项 目	
	必 检 项 目	选 择 性 项 目
混凝土拌和物	坍落度、含气量（有设计要求的）、温度（有设计要求的）、氯离子含量、碱含量、SO_3 含量	扩散度、坍落度损失、凝结时间
硬化混凝土	强度、氯离子扩散系数或电通量、碳化深度、抗渗性能、抗冻性能	抗裂性能、早期收缩率、气泡间距系数、抗硫酸盐侵蚀性能
现场混凝土	强度、自然碳化深度、抗氯离子渗透性能	表面透气性能、气泡间距系数、抗冻性能、抗渗性能、人工碳化深度

4.7.6.2　混凝土性能检验

混凝土拌和物性能、强度与耐久性能、现场混凝土质量检验见第 2.7.5 节。

4.7.7　质量评定与评价

（1）基本要求。混凝土拌和物性能评价、混凝土强度评定、耐久性能评价见 2.7.6 节。

（2）自然碳化深度。现场混凝土自然碳化深度宜符合表 2.9 的要求，检测方法按 3.7.7 节的要求执行。

（3）混凝土耐久性能。可钻取现场混凝土芯样，并根据《水工混凝土试验规程》（SL/T 352—2020）进行混凝土抗冻性能、碳化深度、氯离子扩散系数、电通量等试验。芯样的碳化深度、抗冻试验质量损失率等应符合要求，氯离子扩散系数应满足式（3.1）和式（3.2）；电通量应满足式（3.3）和式（3.4）。

（4）混凝土空气渗透系数。氯化物环境现场混凝土空气渗透系数控制指标，宜符合表 4.17 的建议；测试方法详见 3.7.7 节。

（5）外观质量。施工过程中应对全部混凝土结构进行外观质量缺陷检查，缺陷的严重程度评价见 2.7.6 节。

4.8　安全措施

本工法施工安全措施执行 2.8 节和 3.8 节的规定。

4.9　环保与资源节约

4.9.1　环保措施

混凝土施工过程中环保措施按 2.9.1 节和 3.9.1 节执行。

4.9.2　资源节约

本工法提高了氯化物环境混凝土施工质量，提高了混凝土抗氯离子渗透能力，延长了建筑物使用寿命，提高了混凝土耐久性能，减少了服役阶段维护成本，提高了投资效益。因此，节约了资源。

4.10　效益分析

4.10.1　技术效益

（1）提出了保障与提升沿海水工混凝土抗氯离子渗透能力施工成套技术，为混凝土配合比设计、施工提供技术支撑。提出控制混凝土用水量不大于 $140 \mathrm{kg/m^3}$，水胶比不大于 0.40，是沿海水工混凝土配合比设计关键技术参数；提出带模养护时间不宜少于 14d，是提高掺矿物掺合料混凝土密实性关键施工技术措施。刘埠水闸和三里闸等沿海挡潮闸采用本工法后可以将 C35 混凝土碳化和氯离子渗透扩散到钢筋表面时间提高 30

年～50 年。

（2）提出了混凝土试件高浓度盐水浸泡 35d 氯离子渗入深度控制值，可以作为初步判断混凝土抗氯离子渗透性能优劣的标准、筛选混凝土抗氯离子性能满足设计要求的混凝土原材料和配合比，为配合比设计阶段混凝土抗氯离子性能比较提供一种快速测试手段。

（3）提出了施工阶段混凝土空气渗透系数控制范围，可用来评价混凝土表面质量优劣，为工程验收、质量评定提供依据和一种测试手段。

（4）提出了氯化物环境非常严重和极端严重环境下混凝土防腐蚀附加措施选择方案，为沿海水工混凝土防腐蚀附加措施选择提供依据。

4.10.2　经济效益

1. 刘埠水闸

如东县沿海挡潮闸刘埠水闸的胸墙采用低用水量配制技术，与常规生产的 C35 混凝土相比单价增加约 8 元/m³。购买模板布及施工粘贴费用约为 36 元/m²，按模板布平均使用 1.5 次计算，增加成本约 26 元/m²；胶合板模板周转次数至少增加 1 次，降低模板摊销成本约 4 元/m²；减少模板清理、涂刷隔离剂的成本约 2 元/m²；减少混凝土表面气孔、砂眼、砂线等缺陷修补费用约 2 元/m²；总体施工成本增加约 18 元/m²。

胸墙寿命从 50 年提高到 100 年以上，仅就混凝土部分比较，常规混凝土 50 年寿命单位面积造价为 615.03 元/m²，折合单位面积成本为 12.3 元/年；采取内掺 JD－FA2000 矿物掺合料、内衬透水模板布措施后单位面积造价为 654.38 元/m²，折合单位面积成本为 6.54 元/年，年成本降低 46.8%。

2. 三里闸

盐城市大丰区三里闸拆除重建工程应用本工法，经济效益分析如下：

（1）控制混凝土用水量不大于 145kg/m³，控制混凝土水胶比不大于 0.40，对预拌混凝土公司 C35 混凝土进行配合比优化，优化后混凝土单价增加 10.8 元/m³（含税收），但混凝土碳化深度、抗冻性能、氯离子扩散系数和电通量等技术指标均满足 100 年的技术要求，混凝土使用年限延长 1 倍，因此，投资效益提高 1 倍，还可节约运行期间的维护费用。

三里闸拆建工程约 9200m³ 混凝土初期投资增加 9.936 万元，但混凝土使用寿命延长 50 年，折合成每年投资则降低较多，因此经济效益明显，寿命周期成本显著降低。

（2）三里闸排架采用内衬模板布技术，总体施工成本增加约 16 元/m²，但混凝土寿命可以延长 50 年以上，混凝土年静态投资降低 47%。

4.10.3　社会效益

（1）为氯化物环境混凝土配合物设计、施工质量控制和评定提供了技术支撑和工程示例，提高了氯化物环境水工混凝土施工技术水平，推动了水工混凝土施工技术进步。

（2）节约了资源，减少了建筑材料消耗，提高了投资效益。

（3）节约了混凝土服役阶段维修养护费用，降低了维护成本，有利于节能、环保、资源节约。

4.10.4 节能效益

本工法提升了沿海混凝土施工质量，提高了混凝土抗氯离子渗透能力，延长混凝土使用寿命，提高混凝土耐久性，相应地节约资源，减少了生产、使用建筑材料的能源消耗，因此节能效益明显。

4.10.5 环保效益

本工法的实施，延长了水工建筑物使用寿命，相应地节约了宝贵的砂石资源；混凝土采用中等（大）掺量矿物掺合料配制技术，大量使用工业废渣，减少水泥消耗量，减少废渣占用良田、污染环境，减少水泥生产消耗的能源和大量二氧化碳的排放。因此，环保效益显著。

4.11 应用实例

4.11.1 如东县刘埠水闸

4.11.1.1 工程概况

刘埠水闸（曾用名掘苴新闸）是新建沿海挡潮闸，位于如东县苴镇刘埠村外海侧，共5孔，每孔净宽 10.0m。

刘埠水闸设计使用年限为 50 年，闸室底板、翼墙底板混凝土设计强度等级 C30；闸墩、排架、翼墙混凝土设计指标为 C35W4F50，混凝土保护层厚度 60mm。施工主要在2015 年 8 月—2016 年 3 月。

4.11.1.2 质量控制目标与实现措施

详见 3.11.3.2 节。

4.11.1.3 配合比

1. 原材料

刘埠水闸原材料质量情况见 3.11.3.3 节。

2. 配合比验证

取预拌混凝土公司的原材料及其提供的配合比进行室内强度和耐久性能验证试验，结果见表 4.19。表 4.19 可见混凝土抗压强度、碳化深度满足设计要求，但混凝土抗氯离子渗透能力（氯离子扩散系数和电通量）不满足设计要求。

3. 配合比参数优化

（1）取 C35 混凝土中胶凝材料用量为 390kg/m³，配合比设计因素水平见表 4.20。

表 4.19　　　　　刘埠水闸预拌混凝土公司提供的配合比验证结果

试验号	配合比/(kg/m³)							含气量/%	水胶比	28d抗压强度/MPa	电通量/C	氯离子扩散系数/(×10⁻¹² m²/s)	碳化深度/mm
	水泥	水	粉煤灰	矿渣粉	砂	碎石	减水剂						
L2	280	160	40	70	725	1100	5.1	1.0	0.41	47.1	1228	4.654	7.4
设计要求	—	≤160	—	—	—	—	—	3.0~5.0	≤0.40	≥43.2	≤800	≤4.5	≤20

表 4.20 C35混凝土正交试验因素水平表

水平	因　素			
	掺合料掺量/%B	矿渣粉与粉煤灰质量比	砂率/%	减水剂掺量/%B
1	30	2	38	1.35
2	35	1	40	1.45
3	40	0.5	42	1.55

（2）正交试验9组混凝土配合比、拌和物性能和强度试验结果见表4.21。

表 4.21 正交试验混凝土配合比与试验结果

试验号	配合比/(kg/m³)						水胶比	拌和物工作性能		抗压强度/MPa	
	水泥	粉煤灰	矿渣粉	砂	碎石	减水剂		坍落度/mm	扩展度/mm	7d	28d
L3	273	39	78	694	1131	5.3	0.39	225	540	41.4	45.5
L4	273	58.5	58.5	730	1095	5.7	0.40	225	500	42.8	50.1
L5	273	78	39	766	1058	6.1	0.41	220	460	36.8	45.9
L6	254	46	90	730	1095	6.1	0.42	225	560	38.1	46.6
L7	254	68	68	766	1058	5.3	0.42	225	500	37.0	47.0
L8	254	90	46	694	1131	5.3	0.41	210	550	34.9	43.0
L9	234	52	104	766	1058	5.7	0.41	210	560	35.8	42.5
L10	234	78	78	694	1131	6.1	0.41	225	600	37.0	45.9
L11	234	104	52	730	1095	5.3	0.41	200	510	24.8	33.1

（3）根据表4.21正交试验结果，初步拟定混凝土施工配合比，并进行混凝土氯离子扩散系数、人工碳化深度试验，结果见表4.22。

表 4.22 刘埠水闸混凝土初选配合比试件耐久性能试验结果

试验号	试验配合比/(kg/m³)									含气量/%	28d抗压强度/MPa	氯离子扩散系数/(×10⁻¹²m²/s)	碳化深度/mm
	水泥	粉煤灰	矿渣粉	砂	碎石	水	超细掺合料	减水剂	纤维				
L24	250	60	80	732	1098	156	—	5.7	—	3.5	47.3	2.969	6.0
L32	250	60	80	715	1119	156	—	5.5	—	3.3	46.2	2.865	6.1
L32+纤维	250	60	80	715	1119	156	—	5.5	1	3.3	45.8	2.856	6.2
L33	250	40	70	713	1117	155	35	5.9	—	3.5	42.9	2.543	8.1
L33+纤维	250	40	70	713	1117	155	35	5.9	1	3.5	43.2	2.336	7.8

注　超细掺合料为JD－FA2000。

（4）表4.23为3组混凝土刀口抗裂性能试验结果，3组混凝土早期抗裂性能均达到《混凝土质量控制标准》（GB 50164—2011）中的L-Ⅳ级，表明混凝土有比较高的早期抗裂能力。但优化的配合比L32早期抗裂能力优于预拌混凝土公司提供的配合比L2，掺入抗裂纤维（L32＋纤维）能够进一步提高混凝土早期抗裂能力。

表 4. 23　　　　　　　　　　　　混凝土刀口抗裂试验结果

试验号	每条裂缝平均开裂面积 /(mm²/条)	单位面积裂缝数目 /(条/m²)	单位面积上总开裂面积 /(mm²/m²)
L2	65	5.8	362
L32	57	5.2	296
L32＋纤维	36	4.2	151

（5）采用非接触法测试混凝土 72h 收缩率，其反映混凝土单面干燥状态下的总收缩值，包括干缩、自收缩、温度收缩等，因试件尺寸较小，温度收缩相对较低。早龄期 72h 收缩率试验结果见表 4.24。试验结果表明：

1）优化配合比 L32 的 72h 收缩率低于预拌混凝土公司提供的配合比 L2。

2）混凝土中掺入抗裂纤维能够降低早龄期收缩率。

3）混凝土初凝后约 9h 内收缩急骤增加，之后收缩渐趋平缓。

表 4. 24　　　　　　　　　刘埠水闸混凝土 72h 收缩率试验结果

试验号	收缩率/(×10⁻⁶)									
	6h	9h	12h	15h	20h	30h	40h	50h	60h	72h
L2	108.7	245.6	354.4	405.5	425.4	453.2	467.3	501.5	523.4	535.3
L32	93.4	137.1	211.9	245.4	257.1	275.7	283.6	297.4	312.9	318.2
L32＋纤维	55.7	118.5	159.5	184.6	205.1	219.4	238.4	248.7	256.2	265.1
L33	56.8	154.6	241.6	278.9	296.6	327.8	343.2	360.7	372.7	389.6
L33＋纤维	50.4	127.9	172.8	199.4	212.7	234.4	245.3	257.9	265.7	278.1

4. 施工配合比

闸墩、翼墙混凝土施工配合比见表 4.25。为提高混凝土抗裂能力，减少早期收缩率，可在混凝土中掺入抗裂纤维。

表 4. 25　　　　　　　　　　　刘埠水闸混凝土施工配合比

部位	配合比/(kg/m³)							水胶比	坍落度 /mm
	水泥	粉煤灰	矿渣粉	砂	碎石	水	减水剂		
闸墩、翼墙	250	60	80	715	1119	156	5.5	0.40	140～180

4.11.1.4　应用效果

（1）闸墩、排架和翼墙 C35 混凝土抗压强度 37.5MPa～47.5MPa，现场混凝土回弹强度推定值为 39.9MPa～49.9MPa。

（2）标准养护 28d 试件、大板芯样和闸墩实体芯样 28d 人工碳化深度为 7.0mm～12.3mm。闸墩 128d 自然碳化深度平均值为 0.7mm～0.8mm；翼墙 60d 自然碳化深度 0～2mm，平均值为 0.4mm；工作桥排架 240d 自然碳化深度平均值为 1.68mm。

（3）混凝土 84d 标养试件氯离子扩散系数为 $3.816 \times 10^{-12} \, \text{m}^2/\text{s}$，56d 电通量为 750C～800C。闸墩、翼墙芯样 150d 氯离子扩散系数为 $2.372 \times 10^{-12} \, \text{m}^2/\text{s} \sim 2.875 \times 10^{-12} \, \text{m}^2/\text{s}$。

（4）混凝土抗渗性能＞W12，抗冻性能＞F200。

（5）闸墩、排架和翼墙混凝土空气渗透系数几何均值为 $0.242 \times 10^{-16} \mathrm{m}^2$，95%置信区间为 $[0.001, 1.242] \times 10^{-16} \mathrm{m}^2$，表面混凝土质量评价为很好、好和中等的分别占测区数量的 14.8%、48.1% 和 33.3%。

4.11.2 大丰区三里闸拆建工程闸墩和翼墙

4.11.2.1 工程概况

三里闸拆建工程共 3 孔，闸孔净宽 8.0m，设计最大过闸流量 $255.1 \mathrm{m}^3/\mathrm{s}$，设计日均流量为 $122 \mathrm{m}^3/\mathrm{s}$。闸墩长度为 16m，厚度为 1.2m。混凝土总量约 15000m^3，采用商品混凝土施工。闸室及与海堤连接的下游翼墙等主要建筑物设计使用年限为 50 年，上游翼墙等次要建筑物设计使用年限为 30 年。混凝土所处环境类别、混凝土强度与耐久性设计、钢筋保护层厚度见表 4.26。

表 4.26　　　　　　　三里闸拆除重建工程混凝土耐久性设计要求

部位	环境条件	环境类别	环境作用等级	混凝土				主筋净保护层厚度/mm
				强度等级	抗冻等级	抗渗等级	最大水胶比	
底板	长期位于水下	三类	Ⅲ-C	C35	—	W4	0.45	侧面 60 顶面 70
工作桥排架	大气区	四类	Ⅲ-D	C35	F50	—	0.40	60
闸墩翼墙	水下区 水变区 浪溅区	五类	Ⅲ-D	C35	F50	W4	0.40	60
胸墙	水变区 浪溅区	五类	Ⅲ-D	C35	F50	W4	0.40	60

4.11.2.2 质量控制目标

（1）混凝土设计指标为 C35F50W6；84d 氯离子扩散系数不大于 $4.5 \times 10^{-12} \mathrm{m}^2/\mathrm{s}$；抗碳化性能等级为 T-Ⅲ，28d 碳化深度不大于 20mm。

（2）混凝土配制要求见表 4.27。

表 4.27　　　　　　　　　三里闸混凝土配制要求

部位	粗骨料最大粒径/mm	配合比参数			拌合物质量		
		最大水胶比	最大用水量/(kg/m³)	胶凝材料用量/(kg/m³)	含气量/%	入仓坍落度/mm	其他
底板	31.5	0.45	170	360~400	—	140~180	凝聚性好，保水性好，无离析、无板结
闸墩、胸墙、翼墙	31.5	0.40	160	360~400	3.0~4.0		
工作桥	25.0	0.40	160	360~400	3.0~4.0		

4.11.2.3 混凝土耐久性提升技术

施工招标文件提出混凝土耐久性能、原材料质量、配合比参数、施工养护等技术要求；施工阶段开展混凝土配合比优化设计，采取低用水量低水胶比和大掺量矿物掺合料混

图 4.7　翼墙混凝土硅烷浸渍辊涂施工

凝土配制技术。下游翼墙水变区及以上部位表面采用硅烷浸渍技术（图 4.7）。胸墙和排架混凝土中掺入 P8000 超细矿物掺合料，掺量 $35kg/m^3$。混凝土拆模时间大于 $10d$，拆模后按《水闸施工规范》（SL 27—2014）等要求进行养护。

4.11.2.4　原材料

（1）水泥。52.5 普通硅酸盐水泥。

（2）碎石。闸墩、翼墙、底板混凝土用碎石为 $5.0mm \sim 16.0mm$、$16.0mm \sim 31.5mm$，工作桥碎石最大粒径为 $25mm$。

（3）砂。骆马湖中砂。

（4）粉煤灰。F-Ⅱ 粉煤灰。

（5）矿渣粉。S95 级粒化高炉矿渣粉。

（6）外加剂。脂肪族、萘系和引气剂、缓凝剂复合而成，减水剂用量为 $1.6\%B$，引气剂用量为 $0.32\text{‰}B$，外加剂减水率为 28.9%。

（7）超细矿渣粉。山东鲁新牌 P8000 超细矿渣粉，粒径 $D_{50} \leqslant 5\mu m$，$D_{97} \leqslant 10\mu m$，细度为 $960m^2/kg$，流动度比为 101%，28d 活性指数为 137%。

4.11.2.5　配合比优化设计

1. 配合比验证

对预拌混凝土公司提供的配合比进行验证，验证试验时未采用预拌混凝土公司使用的减水剂，而是选用减水率更高的减水剂，2 组混凝土强度试验结果见表 4.28。

从表 4.28 试验结果可见，预拌混凝土公司提供的 S5-1 配合比，用水量和水胶比均超出表 4.27 控制要求。混凝土氯离子扩散系数不满足《水利工程混凝土耐久性技术规范》（DB32/T 2333—2013）中Ⅲ-D 环境 50 年设计使用年限不大于 $5.0 \times 10^{-12} m^2/s$ 的要求，电通量不满足《水利水电工程合理使用年限及耐久性设计规范》（SL 654—2014）不大于 800C 的技术要求。

表 4.28　　　　　　预拌混凝土公司提供的 C35 混凝土配合比验证结果

试验号	配合比/(kg/m³)						外加剂掺量/%B	水胶比	含气量/%	坍落度/mm	抗压强度/MPa		氯离子扩散系数/(×10⁻¹² m²/s)	电通量/(56d, C)
	水泥	粉煤灰	矿渣粉	砂	碎石	水					7d	28d		
S5-1	212	100	68	749	1077	182	1.3	0.47	2.0	190	32.7	39.8	6.421	1675
S5	212	78	97	749	1077	146	1.6	0.39	2.0	210	40.6	44.4	3.136	653

注　1. S5-1 为模拟预拌混凝土公司配合比。
　　2. S5 为针对表 4.28 混凝土配制要求模拟的配合比。

2. 配合比优化正交试验

（1）因素水平表。设计 $L^9(3^4)$ 正交设计因素水平表见表 4.29，考察因素为胶凝材料用量、掺合料掺量、矿渣粉与粉煤灰掺量比例以及砂率，考察指标为混凝土拌和物性能、强度、碳化深度、电通量、氯离子扩散系数等。

表 4.29   **C35 混凝土正交试验因素水平表**

序号	因 素			
	胶凝材料用量 /(kg/m³)	掺合料掺量 /%	矿渣粉与粉煤灰 质量比	砂率 /%
1	370	40	1:1	38
2	385	50	1.4:1	40
3	400	55	1.8:1	42

（2）试验结果见表 4.30。

1）混凝土拌和物的坍落度和含气量均满足设计要求，除 S9 外，混凝土拌和物具有较好的凝聚性和保水性。

表 4.30   **正交试验混凝土试验结果**

试验号	配合比/(kg/m³)						坍落度 /mm	水胶比	含气量 /%	28d 强度 /MPa	氯离子扩散系数 /(56d, ×10⁻¹² m²/s)	电通量 /(56d, C)	碳化深度 /mm		凝聚性与保水性
	水泥	粉煤灰	矿渣粉	砂	碎石	水							28d	56d	
S8	222	74	74	705	1150	129	170	0.35	3.5	48.8	1.530	561	3.5	4.0	较好
S9	185	77	108	742	1113	136	210	0.37	3.5	43.4	2.637	469	9.4	8.3	略有离析
S10	167	73	131	779	1073	142	220	0.38	4.5	47.8	1.213	464	6.4	7.0	较好
S11	231	64	90	773	1067	149	180	0.39	3.4	54.9	1.391	633	3.6	3.6	较好
S12	192	69	124	699	1140	142	230	0.37	3.5	43.0	2.097	472	8.7	8.4	较好
S13	173	106	100	736	1104	142	210	0.36	3.7	55.1	2.314	532	5.1	6.4	较好
S14	240	57	103	730	1095	138	195	0.34	3.8	52.1	1.866	779	1.4	0.86	较好
S15	200	100	100	767	1058	138	220	0.35	3.5	53.6	1.588	695	3.2	4.0	较好
S16	180	92	128	693	1132	160	180	0.40	3.5	58.1	2.071	581	2.3	2.5	较好

注 外加剂掺量为 1.6%B，其中引气剂用量为 0.32‰B。

2）9 组混凝土 56d 氯离子扩散系数已满足《水利工程混凝土耐久性技术规范》（DB32/T 2333—2013）推荐的 Ⅲ-E 环境 100 年不大于 3.5×10^{-12} m²/s 的要求；混凝土 56d 电通量达到好或很好级别。

9 组混凝土碳化深度均达到《水利工程混凝土耐久性技术规范》（DB32/T 2333—2013）T-Ⅳ 等级，满足 100 年不大于 10mm 的技术要求。

3. 混凝土抗硫酸盐侵蚀试验

（1）试验方法。参照《水泥抗硫酸盐侵蚀试验方法》（GB/T 749—2008）进行试验。试件胶砂比为 1:2，纯水泥胶砂试件水胶比为 0.50。试件尺寸为 10mm×10mm×60mm，每组胶凝材料成型 18 个试件，标准养护 24h 后脱模，再放置于 50℃水中养护

7d。取出试件，同一组配合比试件中，半数的试件浸泡在 20℃清水中，半数试件浸泡在质量分数为 3％的 Na_2SO_4 溶液中，每天用稀硫酸中和，浸泡 28d 后，测试试件的抗折强度，以清水中养护的试件抗折强度为基准，计算抗蚀系数。

（2）胶凝材料组成。设计 3 组胶凝材料，分别为纯水泥净浆、预拌混凝土公司 C35 混凝土配合比中胶凝材料组成和表 4.30 中 S15 胶凝材料组成。胶凝材料组成见表 4.31。

（3）试验结果。抗蚀系数测试结果见表 4.32，由表 4.32 可见：①胶凝材料中复合掺入粉煤灰和矿渣粉取代水泥后，抗蚀系数显著提高；②降低水胶比，抗蚀系数提高。

表 4.31　　　　　　　　　　　　　　胶 凝 材 料 组 成

编号	水泥 /(kg/m³)	粉煤灰 /(kg/m³)	矿渣粉 /(kg/m³)	水胶比	外加剂	备　　注
SN-1	400	—	—	0.50		胶凝材料为纯水泥
SN-2	212	78	97	0.46	1.3％B	预拌混凝土公司配合比中胶凝材料组成
SN-4	200	100	100	0.36	1.6％B	推荐的翼墙和闸墩施工配合比中胶凝材料组成

注　B 代表混凝土中胶凝材料用量。

表 4.32　　　　　　　　　　胶凝材料的抗蚀系数测试结果

编号	浸泡时间/d	抗折强度/MPa		抗蚀系数
		20℃清水中	3％Na_2SO_4 溶液中	
SN-1	28	9.42	8.35	0.89
SN-2	28	9.75	8.99	0.96
SN-4	28	11.56	12.14	1.05

4. 混凝土施工配合比与性能试验

（1）混凝土配合比见表 4.33。

表 4.33　　　　　　　　　　　　三里闸混凝土配合比

应用部位	配合比/(kg/m³)							水胶比	含气量 /％	坍落度 /mm
	水泥	粉煤灰	矿渣粉	砂	碎石	水	减水剂			
底板、翼墙、闸墩 (高程−2.5m～2.0m)	200	100	100	767	1058	140	6.4	0.35	3.0	140～180

（2）将表 4.33 混凝土施工配合比制作的试件耐久性能试验结果见表 4.34。

表 4.34　　　　　　　　　　　混凝土耐久性能试验结果

试验号	刀口抗裂试验			电通量 /(56d, C)	氯离子扩散系数 /(84d, ×10⁻¹² m²/s)	碳化深度/d	
	每条裂缝平均开裂面积/(mm²/条)	单位面积裂缝数目 /(条/m²)	单位面积总开裂面积/(mm²/m²)			28	56
S21	55	6.2	341	555	1.368	2.4	2.8

表 4.35 试验结果表明：

1）混凝土刀口抗裂试验单位面积上总开裂面积达到《混凝土质量控制标准》（GB 50164—2011）中 L-Ⅳ 等级，表明混凝土有比较高的早期抗裂能力。

2）混凝土电通量、氯离子扩散系数均满足设计要求。

（3）混凝土中掺入抗裂纤维收缩率试验结果见表 4.35。表 4.35 表明掺入抗裂纤维有利于降低混凝土早期收缩率。

表 4.35 混凝土早龄期收缩率试验结果

试验号	收缩率/($\times 10^{-6}$)									
	1h	11h	16h	19h	37h	43h	57h	61h	66h	72h
S21+纤维	7.9	34.4	39.0	36.7	37.3	59.6	80.5	88.7	100.6	113.4
S21	23.3	71.7	77.0	74.4	97.3	105.2	134.0	151.7	158.7	175.8

4.11.2.6 应用效果

1. 混凝土强度

胸墙、闸墩和翼墙混凝土回弹强度推定值为 37.8MPa～44.4MPa。

2. 碳化深度

（1）人工碳化深度。闸墩、翼墙、胸墙标准养护 28d 试件、模拟大板试件和现场混凝土芯样的碳化深度为 2.3mm～9.2mm。

（2）自然碳化深度。①闸墩、翼墙 60d～110d 碳化深度为 0.7mm～2.5mm，翼墙 700d～710d 碳化深度 1.6mm～7.1mm、平均值为 3.9mm；②胸墙 730d 碳化深度为 0.5mm～6.1mm，平均值为 3.0mm。

（3）混凝土抗渗等级＞W12，抗冻等级＞F200。

3. 抗氯离子渗透性能

84d 氯离子扩散系数为 $1.825\times10^{-12}\,m^2/s$～$3.365\times10^{-12}\,m^2/s$；电通量 670C～765C。

4. 现场混凝土密实性能

闸墩、翼墙混凝土空气渗透系数几何均值为 $0.313\times10^{-16}\,m^2$，95% 置信区间为 $[0.013，0.194]\times10^{-16}\,m^2$；胸墙混凝土空气渗透系数几何均值为 $0.511\times10^{-16}\,m^2$，95% 置信区间为 $[0.001，0.808]\times10^{-16}\,m^2$。

5. 实施效果评价

（1）闸墩、翼墙、胸墙混凝土标准养护试件、模拟大板试件、实体混凝土芯样人工碳化深度，满足使用年限 100 年的技术要求。

（2）闸墩、翼墙、胸墙标准养护试件氯离子扩散系数满足 Ⅲ-D 环境 100 年使用年限要求。

（3）混凝土空气渗透系数测试结果表明表面混凝土质量基本上评价为中等、好和很好等级。

4.11.3 刘埠水闸、三里闸与调研工程比较分析

1. 混凝土配合比

刘埠水闸、大丰三里闸与调研工程混凝土配合比比较见表 4.36。由表 4.36 可见，本

工法应用工程混凝土用水量、水胶比均小于调研工程。

表 4.36 应用工程混凝土配合比

工程名称	部位	设计使用年限/年	环境作用等级	设计指标	配合比/(kg/m³)								水胶比
					水泥	粉煤灰	矿渣粉	水	细骨料	粗骨料	减水剂	纤维	
刘埠水闸	闸墩翼墙排架	50	Ⅲ-E	C35W4F50	250 (P·O42.5)	60	80	156	715	1119	5.5	1	0.40
三里闸	闸墩翼墙	50	Ⅲ-D	C35W4F50	200 (P·O52.5)	100	100	140	767	1058	6.4	0.8	0.35
工程1	闸墩站墩翼墙	50	Ⅲ-E	C35W4F50	300 (P·O42.5)	60	60	175	768	1017	6.5	—	0.42
工程2	闸墩站墩翼墙	50	Ⅲ-E	C35W4F50	360 (P·O42.5)	60	—	180	782	1006	6.0	—	0.43

2. 应用工程与调研工程混凝土性能比较

（1）碳化深度。图 4.8 为刘埠水闸和三里闸与对比工程混凝土碳化深度比较。由图 4.9 可知，2 个挡潮闸应用本工法后混凝土人工碳化深度明显小于对比工程，混凝土抗碳化能力得到提升。

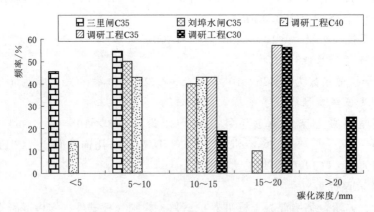

图 4.8　刘埠水闸和三里闸与对比工程混凝土碳化深度比较

（2）抗氯离子渗透性能。刘埠水闸和三里闸与对比工程混凝土电通量和氯离子扩散系数比较，见图 4.9。由图 4.9 可见，2 个挡潮闸应用本工法后混凝土电通量和氯离子扩散系数明显小于对比工程，混凝土抗氯离子渗透能力得到提升。

（3）空气渗透系数。表 4.37 给出了 19 组构件空气渗透系数测试结果的统计参数，以及各组构件表面质量等级评价结果，由表 4.37 可见：三里闸和刘埠水闸表面混凝土空气渗透系数较低，表明混凝土表面密实性较好，也是混凝土有良好抗氯离子渗透能力的原因所在。

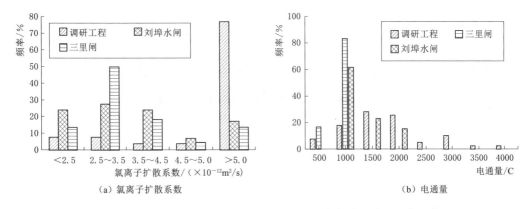

（a）氯离子扩散系数　　　　　　　　　　　（b）电通量

图 4.9　刘埠水闸、三里闸与对比工程混凝土抗氯离子渗透性能比较

表 4.37　　　　　　　　混凝土构件空气渗透系数与表面质量等级评价比较

工程名称	部位	强度等级	测试龄期/d	空气渗透系数几何均值/($\times 10^{-16} m^2$)	模板类型	质量等级评价/（占测区的%）				
						很好	好	中等	差	很差
三里闸	闸墩、翼墙	C35	15～50	0.313	1	3.0	35.0	51.0	3.0	8.0
	胸墙	C35	120	0.511	1	0	87.5	12.5	0	0
	排架	C35	120	0.093	2	11.1	50.0	38.9	0	0
刘埠水闸	闸墩、翼墙	C35	35～50	0.242	1	14.8	48.1	33.3	3.7	0
	胸墙（上游面）	C35	35	0.307	1	0	46.0	54.0	0	0
	胸墙（下游面）	C35	35～250	0.050	2	47.6	33.3	19.1	0	0
THHZ	洞墩	C35	30	6.163	1	10	17.0	49.0	10.0	14.0
YWGZ	闸墩、翼墙	C35	270	0.230	1	6.7	26.6	46.7	20.0	0
YDTZ	闸室墙	C30	180	17.577	3	0	0	0	30.0	70.0
XGHQ	箱梁	C50	30～50	1.015	1	0	0	73.3	26.7	0

注　模板类型一栏中 1 表示胶合板，2 表示胶合板内衬模板布，3 表示钢模板。

第5章 墩墙底部延性超缓凝混凝土过渡层
预防温度裂缝施工工法

5.1 工法的形成

5.1.1 工法形成原因

水利、交通、水运、市政、建设等工程领域钢筋混凝土墩墙开裂问题突出，裂缝在外观上呈现"上不到顶、下不着底""中间宽、上下两端窄"的"枣核"型裂缝。同样的原材料和配合比，建于土基上的底板可能完全不裂，而底板上的墩墙却严重开裂。这是由于底板受土基约束较小，已完成大部分的收缩，墩墙由于混凝土水化热温升的作用，其内部温度和底板之间形成较大的温差，底板与墩墙变形不一致，墩墙的变形大于底板的变形。墩墙结构混凝土凝结硬化阶段因温度收缩、自收缩、塑性收缩、干燥收缩等引起的变形，受到下部结构的约束，产生温度应力，其中，混凝土干缩和自收缩占30％左右，而降温收缩占70％左右。墩墙和底板浇筑间隔时间越长、温降幅度越大，约束作用越明显。墩墙混凝土结构长度方向的尺寸远大于厚度方向，结构整体收缩表现出来的拉应力都比较大，裂缝一旦出现往往将是贯穿性的。墩墙温度变形在早龄期容易产生"由表及里"发展的裂缝，后期容易产生"由里及表"的贯穿性裂缝。

普通混凝土抗压强度高，但抗拉强度较低，抗拉强度仅为抗压强度的 $1/10 \sim 1/13$，弹性模量较高，混凝土延性较低；当混凝土温度应力超过抗拉强度时，将会产生裂缝。

裂缝产生机理复杂，既有材料原因，又有结构原因。原材料质量变化大、施工环境复杂、施工养护不到位，采取现有的温控措施并不一定能有效地控制墩墙裂缝，大量的墩墙结构仍然出现温度裂缝，有的结构裂缝还比较严重。有些措施对施工进度和成本影响较大，如吊空模板、通水冷却、后浇带等方法虽能一定程度降低温度裂缝，但施工较费事，也不能完全避免或减少温度裂缝的产生。一些墩墙的配筋率虽然达到甚至超过了规范的要求，但仍有裂缝发生。说明仅靠优化施工工艺和适当增加配筋率并不能完全控制墩墙裂缝。

朱伯芳院士认为温度应力对裂缝的形成和发展有重要影响，墩墙混凝土施工过程中需采取综合温控措施，减小裂缝宽度，防止穿透性裂缝；软基上水闸和船坞，重点在防止闸墩和坞墙产生穿透性裂缝，解决施工期先浇混凝土对后浇混凝土的约束。

王铁梦研究了各种地基及基础约束下的水平阻力系数，底板对墩墙的约束系数比地基对混凝土底板的约束系数大 100 倍以上。吉顺文等研究认为温度应力并非导致混凝土开裂的必要条件，自生体积收缩变形、早期温度压应力产生的收缩性徐变以及内外约束比是混凝土致裂应力产生的根本原因。减少混凝土致裂应力的产生,主要措施有减小结构内外约束,降低自生体积收缩变形量和温升阶段收缩性徐变。通过控制里表温差可有效减小混凝土内部约束,提高混凝土抗裂安全度。对结构内部混凝土而言,防裂措施主要包括降低混凝土绝热温升值以削减温升阶段混凝土压应力水平,采用内部冷却措施降低内部最高温度并缩短压应力持荷时间,添加适量膨胀剂以降低自生体积收缩变形等。

目前墩墙混凝土温控防裂从减少底板与墩墙之间约束系数的角度研究和应用相对较少,对早龄期约束、徐变以及裂缝间关系研究较少。降低底板对墩墙的约束,做好底板与墩墙之间过渡,降低底板对墩墙之间的水平阻力,值得开展研究。正如R. Springenschmid 所指出的"未来研究的一个重要目标,是针对混凝土硬化过程受到约束而改善约束程度定量化的模型"。

关于设置缓冲层技术,陈锡林等在《江苏水闸工程技术》提出"墩墙混凝土浇筑时,先在底部浇筑一定厚度的掺加了一定量的缓凝剂和膨胀剂的"特殊"混凝土层,然后再浇筑上部混凝土。"特殊"混凝土的弹性模量及其发展速度低于上部混凝土,对上部结构和自身的变形起到一定的缓冲作用。上部结构浇筑后,缓冲层混凝土由于缓凝剂的作用,水化速率比其余同龄期的上部混凝土缓慢,弹性模量也相对较小,从而减少了对上部结构的约束作用,直到上部结构的大部分变形完成时,缓冲层混凝土才开始进入水化高峰期,这时膨胀剂的膨胀变形对其自身温度收缩起到一定的补偿作用,设置缓冲层后有利于减缓因底板和墩墙之间的约束使上部墩墙混凝土开裂的风险。

5.1.2 工法形成过程

5.1.2.1 研究开发单位与依托科研项目

本工法由江苏省水利科学研究院研制开发并负责技术指导,江苏省水利建设工程有限公司等单位现场推广应用,总结研究与工程推广应用成果,形成本工法,并获得2022年水利水电工程建设工法。

依托科研项目:江苏省创新能力建设计划江苏省水利科学研究院自主立项项目"墩墙底部延性混凝土过渡层预防温度裂缝试验研究与应用"(项目编号为2019Z013)、"墩墙根部设置低弹模超缓凝混凝土过渡层减轻外约束机理研究与应用"(项目编号为2023Z048)。

5.1.2.2 关键技术

(1) 研制一种低弹模超缓凝混凝土。混凝土胶凝材料用量 420kg/m³～480kg/m³;粉煤灰掺量 10%～20%,或粉煤灰掺量 10%～20%、矿渣粉掺量 10%～20%;橡胶粉质量代砂率 2.5%～6%;砂率 45%～48%;5mm～16mm 和 16mm～31.5mm 碎石质量之比为 1:1.1～1:1.4,水胶比小于 0.50,坍落度 180mm～220mm。掺入超缓凝剂调整混凝土凝结时间,标养条件下初凝时间 48h～96h,较常规混凝土延长 20h～60h;早期强度和弹性模量发展慢,后期强度和弹性模量发展较快,28d 强度 25MPa～50MPa,抗压韧性、弯曲强度好于普通混凝土;耐久性能以及新老混凝土黏结强度不低于普通混凝土。

(2) 墩墙底部设置过渡层减轻外约束施工技术。在墩墙底部浇筑一层厚度为 30cm～50cm 低弹模超缓凝混凝土过渡层,再继续浇筑上部混凝土;在过渡层凝结硬化前墩墙底部过渡层以上的混凝土先完成大部分变形,从而减轻底板对墩墙温度变形的约束,降低墩墙温度应力,减少开裂风险。

5.1.2.3　工法应用

（1）2020 年 3—4 月，在南京市浦口区施桥泵站工程站墩应用。

（2）2020 年 4—5 月，在新孟河拓浚延伸工程常州市武进区南延段施工 1 标 2 节挡土墙应用。

（3）2020 年 10 月—2021 年 1 月，在新孟河拓浚延伸工程常州市新北区境内河道施工Ⅲ标黄山河地涵沉井工作井应用。

（4）2021 年 3 月，在启东市五效港闸工程长江侧翼墙应用。

（5）2021 年 3—5 月，在南通市海港引河南闸站工程泵站站墩与挡水墙、节制闸的闸墩与空箱翼墙、清污机桥墩应用。

（6）2023 年 2—5 月，在扬州市长江防洪能力提升江都区通江闸改造工程船闸闸室墙和闸首应用。

5.1.3　知识产权与相关评价

1．知识产权

（1）发明专利"一种防止墩墙混凝土温度裂缝的施工方法"，专利号为 ZL 2020 1 0381910.4。

（2）发明专利"初凝时间为 48h～72h 延性缓凝细石混凝土的制备方法"，专利号为 202010381934.X。

（3）计算机软件著作权"延性超缓凝混凝土施工质量控制软件"，证书号为软著登记第 7232293 号。

（4）计算机软件著作权"墩墙根部延性超缓凝混凝土过渡层减轻约束预防温度裂缝施工工法"，证书号为软著登记第 7232292 号。

（5）"减轻外约束温控技术"列入中国科技产业化促进会团体标准《水工混凝土墩墙裂缝防治技术规程》（T/CSPSTC 110—2022）。

2．相关评价

"墩墙底部延性混凝土过渡层预防温度裂缝试验研究与应用》项目验收意见认为：项目推荐了 C25～C40 低弹模超缓凝混凝土配合比参数，编制了《墩墙根部低弹模超缓凝混凝土过渡层减轻约束预防温度裂缝施工工法》，为墩墙温度裂缝预防提供一种组合方法，具有创新性。研究成果已在新孟河拓浚延伸工程常州新北区黄山河地涵沉井工作井等 3 个重点工程中应用，取得了良好的技术经济效益，推广应用前景广阔。

3．工法

《墩墙底部延性超缓凝混凝土过渡层预防温度裂缝施工工法》被评定为 2022 年水利水电工程建设工法（工法编号为 SDGD 1098—2022）。

4．先进实用技术

"墩墙底部延性超缓凝混凝土过渡层预防温度裂缝技术"入选水利部《水利先进实用技术重点推广指导目录》，认定为水利先进实用技术（证书号 TZ2022200）。

5.1.4　工法意义

本工法结合墩墙防裂抗裂需要，在底板与墩墙之间的结合界面形成良好过渡层，浇筑一层低弹模超缓凝混凝土，减轻底板对墩墙温度变形的约束，降低墩墙温度应力，从而减少墩墙开裂风险；为墩墙温度裂缝预防提供一种组合方法。

本工法在水利、交通、市政、电力等墩墙混凝土温度裂缝预防中推广应用前景广阔，具有良好的技术经济效果。

5.2 工法特点、先进性与新颖性

5.2.1 特点

1. 低弹模超缓凝混凝土配制技术

混凝土中掺入橡胶粉和超缓凝剂，标养条件下初凝时间48h～96h，混凝土早期强度和弹性模量发展慢，28d强度与结构设计强度相同，与混凝土黏结强度不低于普通混凝土，混凝土耐久性能与普通混凝土相同，弹性模量低于普通混凝土，抗压韧性、弯曲强度好于普通混凝土。

2. 墩墙底部设置过渡层减轻外约束施工技术

在墩墙的底部浇筑一层低弹模超缓凝混凝土过渡层再继续浇筑上部混凝土，在底板与墩墙之间结合界面形成过渡层。过渡层混凝土凝结时间迟于上部混凝土20h～60h，改善了底板与墩墙之间的约束条件，降低底板对墩墙的约束，降低墩墙温度应力，从而减少墩墙裂缝产生风险。

3. 协同解决墩墙根部烂根等质量通病

墩墙根部烂根、蜂窝是常见施工质量通病，本工法同时还能解决墩墙与底板结合部位常规施工易产生烂根等施工缺陷通病。

5.2.2 技术经济方面的先进性与新颖性

（1）减少墩墙应变。现场混凝土应变观测结果，采用本工法后，沉井井壁（厚1.1m）、闸墩（长38m、厚2m）、清污机桥墩（长20m、厚1.2m）的应变减少$80\mu\varepsilon$～$135\mu\varepsilon$，挡土墙（厚0.45m）应变减少$20\mu\varepsilon$～$45\mu\varepsilon$。

（2）降低了裂缝数量和宽度。长度和厚度相对较小的闸墩、沉井井壁、空箱翼墙、挡水墙、挡土墙等均未产生温度裂缝，而对比工程结构构件均产生温度裂缝。海港引河南闸站闸墩、站墩长度为38m，属于超长结构，采用在墩墙底部设置过渡层技术后墩墙早期开裂面积降低了47%～78%，裂缝宽度较细，将有害裂缝转变为无害裂缝；江都区通江闸改造工程应用本工法后闸室墙未产生温度收缩裂缝。

（3）降低了裂缝处理成本。综合分析使用本工法后减少了裂缝论证和处理费用约50%。

5.3 适用范围

本工法适用于水利、交通、市政、电力等墩墙结构，在采取常规的减少水泥用量、通水冷却、增设温度钢筋、保温养护、保湿养护等技术措施基础上，减轻底板对上部墩墙的外约束，或先期浇筑的下部结构对后浇筑的上部结构外约束，降低墩墙混凝土开裂风险，作为墩墙温度裂缝预防的组合措施之一。

本工法适用于在岩基上浇筑的底板，先在岩基上浇筑一层低弹模超缓凝混凝土过渡层。

5.4　工艺原理

5.4.1　墩墙混凝土裂缝成因

混凝土硬化是一个复杂的物理和化学反应过程。随着水化反应放热，温度不断上升，混凝土产生温度变形；同时，由于水泥熟料等矿物水化反应不断消耗内部孔隙水，混凝土产生自生体积收缩变形。自由且均匀的变形并不产生应力，当温度、自生体积变形和干缩变形等受到外约束和自约束时，混凝土产生应力。

混凝土温度应力分为自生应力和约束应力两部分，自生应力是由于混凝土结构本身内部约束产生的应力；外约束应力是由于后浇筑混凝土受先期浇筑混凝土或地基基础的约束产生的应力，混凝土收缩变形也会产生收缩应力，这几部分应力叠加后形成温度应力。

裂缝产生有两个概念：一是混凝土体内存在微裂缝是绝对的，不可避免，但表面出现可见裂缝是相对的，是可以避免的；二是混凝土开裂是内应力不断积累的结果，也就是说开裂是内应力不断地累积超过了混凝土抗拉强度的结果。图 5.1 反映了混凝土早期开裂原因，图 5.1 可见混凝土裂缝与材料、结构、施工养护和受到的约束有关，这些原因对裂缝发生的综合影响是复杂的，这也许是混凝土结构开裂渐增的原因。

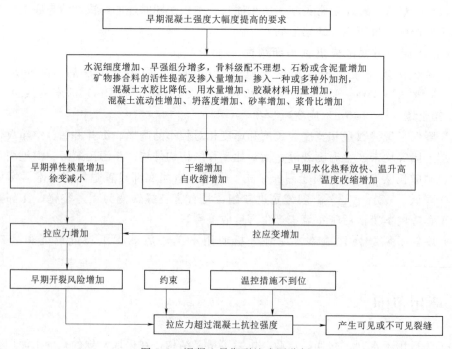

图 5.1　混凝土早期裂缝成因分析

5.4.2　施工阶段墩墙裂缝预防措施

墩墙温度裂缝预防需要从结构设计、原材料选择、配合比设计、浇筑养护等方面采取综合技术措施，如图 5.2 所示。

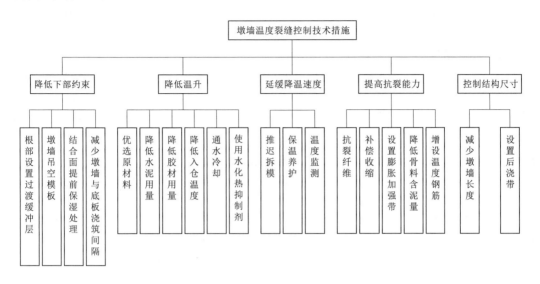

图 5.2 施工阶段裂缝控制综合技术措施

图 5.2 中施工阶段裂缝控制综合技术措施主要有：

（1）降低外约束。如果没有外约束限制作用，混凝土温度变化引起的变形不会产生温度应力，也就不会出现温度裂缝，因此，底板对墩墙的约束是墩墙裂缝产生的必要条件，底板弹性模量越大，约束也越明显，墩墙下部受到的约束越强。改善内外约束条件，减少不同结构之间的变形不协调，是解决墩墙开裂问题重要施工技术措施。大量研究认为闸墩底部区域受底板约束比较大，属于强约束区，在混凝土温度变化时容易产生温度裂缝。底板对墩墙约束程度与底板和墩墙尺寸、浇筑间隔时间以及相对弹性模量有关，墩墙越长、间隔时间越长、底板的弹性模量越大，则约束作用越明显。

降低外约束主要措施有：墩墙吊空立模浇筑技术、减少墩墙与底板浇筑间隔时间、墩墙根部设置过渡缓冲层，结合面提前保湿处理。

（2）降低混凝土温升。通过优选优质常规原材料，选择有利于降低混凝土用水量和胶凝材料用量、减少混凝土水化热温升的原材料。优化配合比，按照水化热温升低、收缩率低、抗裂性能好的原则通过优化确定配合比，减少混凝土用水量，从而降低胶凝材料用量和水泥用量，减少混凝土水化热温升。降低混凝土入仓温度、水管冷却等。

（3）降低中心温度。控制入仓温度，仓面遮阳，通水冷却，厚大体积墩墙内部砌筑芯墙等，控制混凝土温升和结构内最高温度。淮安朱码闸水电站在流道及空箱层边墩混凝土通水冷却，最高温度下降 7℃～10℃，最大拉应力为 3.65MPa，下降了 0.57MPa。界牌水利枢纽站墩和闸墩通水冷却后，混凝土温度峰值降低 10℃左右。

（4）延缓降温速率。采取保温措施、延长带模养护时间，缩小里表温差，延缓降温速率。

（5）提高混凝土抗裂能力。掺入抗裂纤维，减少混凝土早期收缩率，分散裂缝，减少裂缝数量和开裂面积，裂缝降低系数 80％左右，混凝土早期收缩率试验表明还能降低收缩率，72h 收缩率可降低（53～110）×10⁻⁶；掺入膨胀剂，补偿混凝土收缩；降低骨料的含泥量，减少混凝土干缩；设置膨胀加强带，补偿结构混凝土收缩；增设温度钢筋，设置细径密布的抗裂钢筋，抵消部分温度应力。

（6）控制结构尺寸。减少分块尺寸，减少墩墙长度，设置后浇带。

（7）配置抗裂钢筋。在易开裂的部位配置抗裂构造钢筋，避免应力集中，提高混凝土抗裂能力。

（8）加强保温、保湿养护。保温养护有利于减少混凝土里表温差，降低开裂风险；保湿养护可避免表层混凝土脱水，减少混凝土干缩。

5.4.3　墩墙底部设置过渡层减轻外约束预防裂缝机理

（1）混凝土中掺入超缓凝剂和橡胶粉延长了混凝土凝结时间，早期强度发展较慢，但 28d 强度能够达到结构混凝土设计强度。

（2）混凝土中掺入橡胶粉改善了混凝土的韧性，降低了混凝土的弹性模量。橡胶粉与胶凝材料之间形成有机－无机三维网络结构，增加了裂纹传递阻力。同时，部分应力传递至橡胶微粒基体中，转化为弹性形变，释放了应力能；橡胶粉与混凝土之间形成梯度界面，可吸收部分因温度变化造成的应力。

（3）墩墙混凝土一般在 1.5d～2.5d 即达到温度峰值，然后进入降温阶段，此阶段墩墙温度收缩变形受到底板的约束，产生温度收缩应力。

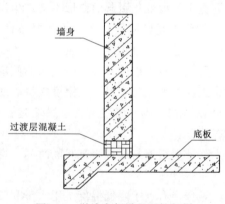

图 5.3　墩墙底部设置延性超缓
凝混凝土过渡层

在墩墙底部浇筑一层厚度为 30cm～60cm 延性超缓凝混凝土过渡层（图 5.3），其初凝时间较上部普通混凝土延长 20h～60h，弹性模量发展慢于上部混凝土。因此，底部过渡层混凝土对上部混凝土的变形起到一定的缓冲作用，从而减缓了对上部结构的约束作用，直到上部结构的大部分变形完成后，过渡层混凝土才开始进入水化高峰期；这时橡胶颗粒还能吸收部分因温度变化造成的应力，从而减轻底板对墩墙温度变形的约束，降低墩墙温度应力。因此，设置过渡层后有利于减缓因底板和墩墙之间的约束使上部墩墙混凝土开裂的风险。

5.5　施工工艺流程与操作要点

5.5.1　工艺流程

墩墙底部设置延性超缓凝混凝土过渡层施工工艺流程见图 5.4，其中，钢筋制作安装、模板制作安装、保护层垫块安装、带模养护、模板拆除、拆模后养护、质量检查和表面缺陷修补等工序与 2.5.1 节相同，在图 2.7 基础上增加墩墙底部过渡层混凝土制备和浇筑两道工序。

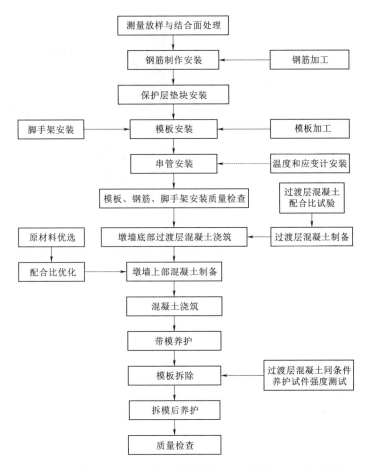

图 5.4　墩墙底部设置延性超缓凝混凝土过渡层施工工艺流程图

5.5.2　操作要点

5.5.2.1　测量放样与结合面处理

（1）测量放样。复核导线控制网和水准点；确定墩墙中心、纵横向轴线及其位置线，闸门埋件位置线，用墨线或红油漆等标记。

（2）结合面处理。在底板闸墩位置线内由人工或凿毛机对底板结合面范围内的混凝土凿毛处理，凿出表面浮浆和松散的混凝土层，用高压水或扫帚将表面清理干净。人工凿毛时混凝土强度应达到 2.5MPa 以上，机械凿毛时混凝土强度应达到 10MPa 以上。

5.5.2.2　钢筋制作安装

钢筋制作安装工艺流程详见 2.5.2.4 节。

5.5.2.3　温度和应变计安装

按设计或施工方案要求在墩墙中设置温度传感器或应变计（见图 5.5）。温度传感器安装在墩中心和钢筋保护层位置。应变计安装在墩墙的中间，应变计方向平行于墩墙长度方向，在同一高程上的相邻 2 根对拉螺杆的中心点用铅丝连接，再用塑料扣丝将应变计绑扎到铅丝上，安装前将靠近应变计的数据线打 8 字结，松弛布线，防止浇筑混凝土时数据线被扯断。

应变计能够同时测试混凝土的温度和应变，性能应符合《土工试验仪器 岩土工程仪器振弦式传感器通用技术条件》（GB/T 13606—2007）的规定。测试方法应符合《水运工程水工建筑物原型观测技术规范》（JTS 235—2016）或《水闸安全监测技术规范》（SL 768—2018）的规定。

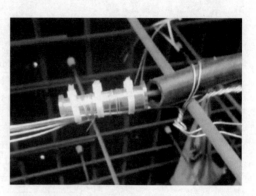

图 5.5　现场应变计安装

5.5.2.4　模板安装

模板制作安装工艺流程详见 2.5.2.5 节。

5.5.2.5　保护层垫块安装

保护层垫块安装工艺流程详见 2.5.2.6 节。

5.5.2.6　串管安装

串筒（管）间距不宜大于 6m，串筒（管）与底板新老结合面的距离不宜大于 1.5m。

5.5.2.7　模板、钢筋、脚手架安装质量检查

模板、钢筋和脚手架安装完成，施工单位按《水利工程施工质量检验与评定规范　第2部分：建筑工程》（DB32/T 2334.2—2013）自检合格后，监理单位复检。对检查不符合要求的需进行处理，直至合格。

5.5.2.8　墩墙底部过渡层混凝土生产与浇筑

1. 生产

（1）延性超缓凝混凝土生产时，橡胶粉和超缓凝剂应计量准确，安排专人负责添加或检查。

（2）掺超缓凝剂、橡胶粉的过渡层混凝土宜采用强制式搅拌设备搅拌均匀，拌和时间应比常规混凝土延长 15s 以上，确保超缓凝剂、橡胶粉等材料均匀分散。

（3）在施工现场向搅拌运输车中添加超缓凝剂、橡胶粉时，宜采取下述加料和搅拌措施保证搅拌均匀：

1）运输车混凝土装载量不宜超过运输车容量的 50%～60%。

2）待混凝土交货检验合格后再进行添加作业。

3）超缓凝剂、橡胶粉添加和混凝土搅拌工艺为：向混凝土搅拌车中一次加入所需超缓凝剂后快速搅拌 30s→加入 25kg（一袋）橡胶粉→快速搅拌 30s→加入 25kg（一袋）橡胶粉→快速搅拌 30s→反转 3s→……→加入最后一袋橡胶粉→快速搅拌 150s→反转 3s→快速搅拌 30s→出料，分别见图 5.6 和图 5.7。

2. 浇筑

（1）混凝土通过串筒（管）入仓，底部过渡层混凝土均匀摊铺。

（2）混凝土振捣与常规混凝土施工一致。

5.5.2.9　墩墙上部混凝土制备与浇筑

（1）墩墙上部混凝土制备工艺流程详见 2.5.2.8 节。

（2）墩墙上部混凝土浇筑工艺流程详见 2.5.2.9 节。

<table>
<tr><td>图 5.6 运输车中添加超缓凝剂</td><td>图 5.7 运输车中添加橡胶粉</td></tr>
</table>

5.5.2.10 带模养护

混凝土带模养护要求详见 2.5.2.10 节。

5.5.2.11 拆模

模板的拆除顺序和方法，应按照模板配板设计的规定进行。设计未具体规定的，应遵循先支后拆、后支先拆、自上而下进行。

模板拆除不应硬撬、硬砸，防止对构件棱角造成损伤。

现场制作过渡层混凝土同条件养护试件，根据同条件养护试件的强度确定能否拆模。

5.5.2.12 拆模后养护

拆模后养护除按 2.5.2.12 节进行养护外，还应对墩墙底部的过渡层混凝土进行特别养护，养护时间不应少于 28d。

5.5.2.13 拆模后检查

混凝土拆模后，应对混凝土浇筑质量进行检查，包括外观、表面平整度、结构尺寸、混凝土实体强度等。

5.5.3 施工组织

墩墙混凝土施工 1 个班组需要人员见表 5.1。

表 5.1 墩墙混凝土施工需要人员

工种	单位	数量	职责
技术员	名	1	现场技术管理
模板安装工人	名	12（根据需要）	模板安装
模板浇筑工人	名	8（根据需要）	入仓、平仓、振实
模板拆除工人	名	12（根据需要）	模板拆除
养护工人	名	1~2	养护
修饰工人	名	2~4	缺陷修补、修饰

5.6　材料与设备

5.6.1　混凝土材料

5.6.1.1　原材料

1. 普通混凝土原材料

（1）混凝土用原材料宜满足 3.6.1 节的要求；混凝土有高性能化技术要求时原材料宜满足 2.6.1 节的要求。

（2）氯化物环境混凝土原材料宜满足 4.6.1 节的要求。

2. 墩墙底部过渡层混凝土

墩墙底部过渡层延性超缓凝混凝土原材料除按照本节普通混凝土原材料要求外，尚需符合下列要求：

（1）粗骨料最大粒径不宜大于 25mm。

（2）超缓凝剂。符合《混凝土外加剂》（GB 8076—2008）的规定。

（3）橡胶粉。废旧轮胎加工处理制成橡胶粉，呈颗粒状。应质地均匀，不应含有木屑、砂砾、玻璃等杂质，不应含有目测可见的金属丝和纤维颗粒；宜选用颗粒粒径为 0.18mm～0.38mm（40 目～80 目），表观密度 $1050kg/m^3$～$1300kg/m^3$，主要成分见表 5.2，其他质量应符合产品企业标准的规定。

表 5.2　　　　　　　　　　　　　橡胶粉主要成分

橡胶烃/%	天然橡胶/%	硫磺/%	炭黑/%	丙酮苯/%
52.5	63.9	1.6	30.9	10.9

5.6.1.2　混凝土

1. 墩墙上部普通混凝土

（1）拌和物性能。混凝土拌和物性能应满足 2.6.2 节的要求。

（2）力学性能。混凝土力学性能应满足设计要求。

（3）耐久性能。混凝土耐久性能应满足设计要求，其中，混凝土的耐久性能应满足 2.6.2 节的要求，氯化物环境混凝土的耐久性应满足 4.6.2 节的要求。

（4）配合比参数。混凝土配合比应满足设计要求的力学性能和耐久性能要求，且应满足《水利工程预拌混凝土应用技术规范》（DB32/T 3261—2017）等标准的规定；其中，混凝土配合比参数应满足 2.6.2 节的要求，氯化物环境混凝土配合比参数应满足 4.6.2 节的要求。

2. 墩墙底部过渡层混凝土

（1）墩墙底部过渡层混凝土的拌和物性能、力学性能和耐久性能应满足设计要求；设计未规定的，应满足墩墙上部普通混凝土的设计要求。

（2）超缓凝剂掺量应通过试验确定，且不宜大于产品说明书推荐的最大掺量；橡胶粉掺量宜为 $20kg/m^3$～$60kg/m^3$，应通过试验确定；砂率宜为 46%～50%，坍落度 180mm～220mm，水胶比不应大于墩墙上部混凝土，胶凝材料用量不宜少于 $400kg/m^3$；

混凝土凝结时间宜为 40h～96h，7d 抗压强度应大于 3MPa，28d 抗压强度应满足设计要求。

（3）墩墙底部过渡层混凝土配合比示例与性能试验结果，见表 5.3。

表 5.3 混凝土配合比及试验结果

| 强度等级 | 试验配合比/(kg/m³) | | | | | | | | | 坍落度/mm | 水胶比 | 砂率/% | 强度/MPa | | 初凝时间/h |
	水泥	粉煤灰	矿粉	砂	碎石	水	减水剂	超缓凝剂	橡胶粉				7d	28d	
C25	260①	70	70	800	970	180	6.0	4	20	170	0.47	46	13.2	35.6	58.5
C30	300①	55	75	820	930	170	6.5	4.3	20	180	0.41	47	22.5	41.5	56.3
C35	300②	80	60	790	950	165	6.6	4.4	20	180	0.39	46	18.7	50.2	55.2
C40	320②	65	65	790	950	165	6.8	4.5	20	180	0.37	46	19.5	49.5	56.3
C45	340②	65	65	770	942	165	6.8	4.5	20	180	0.35	45	17.6	48.7	55.1
C50	360②	70	70	752	956	160	7.2	4.5	30	200	0.32	44	3.6	45.7	52.1

注 ① 42.5 普通硅酸盐水泥。
② 52.5 普通硅酸盐水泥。

5.6.2 模板

（1）模板。为工程施工中常用的胶合板、木模板、钢模板等。

（2）墩墙底部过渡层可采用模板内衬透水模板布。在常用模板的内侧粘贴一层透水模板布，需要的材料有：透水模板布，产品性能应符合《混凝土工程用透水模板布》（JT/T 736—2015）的规定；模板专用气雾胶黏剂；模板侧边固定小铁钉等。详见 3.6.3 节。

5.6.3 设备

（1）制作安装模板工具、设备。铲刀，钢直尺，钢丝刷、磨光机，小锤，电钻，木工电锯、扳手等。

（2）模板吊装设备。汽车起重机、手拉葫芦等

（3）混凝土浇筑设备。常规混凝土浇筑施工所需机具设备，如运输车、泵车、振动棒、溜管、溜槽等。

（4）主要检测设备。混凝土保护层厚度测定仪、钢直尺、混凝土回弹仪等。

5.7 质量控制

5.7.1 一般要求

（1）施工单位应根据《大体积混凝土施工标准》（GB 50496—2018）、《水工混凝土施工规范》（SL 677—2014）的规定，制定裂缝预防施工方案，并有效实施。

（2）对模板制作安装、混凝土浇筑等施工人员进行培训，并保持相对固定，当需要增加新工人或更换工人时，应先培训再上岗，保证施工作业的正确性。

（3）混凝土入仓、浇筑、抹面过程中不应加水。

（4）过渡层混凝土应拌和均匀，并采取措施提高入仓混凝土匀质性。

5.7.2　执行的标准

墩墙底部设置延性超缓凝混凝土过渡层预防裂缝施工遵循的标准，包括材料标准、施工规范等，除执行表 2.15 和 3.7.2 节所列标准外，还宜执行或参照下列标准：

《超缓凝混凝土配制及应用技术规程》（DBJ 53/T 79—2016）；

《水工混凝土墩墙裂缝防治技术规程》（T/CSPSTC 110—2022）。

5.7.3　关键工序质量控制要求

1. 过渡层混凝土生产

（1）专人负责橡胶粉、超缓凝剂等材料的添加，添加过程应采取复核、记录的措施；橡胶粉计量允许偏差不应大于±2.0%，超缓凝剂计量允许偏差不应大于±1.0%。

（2）混凝土搅拌时间宜比常规混凝土延长 15s 以上。

（3）采用预拌混凝土时，除应按照《预拌混凝土》（GB/T 14902—2012）的规定进行交货检验外，出厂合格证和发货单还应载明橡胶粉、超缓凝剂的名称以及添加量。

（4）超缓凝剂或橡胶粉在工地现场搅拌运输车中添加时，应先添加超缓凝剂并拌和均匀，再添加橡胶粉，按第 5.5.2.8 节添加次序和搅拌方法搅拌均匀。

2. 模板安装

（1）应根据墩墙底部过渡层混凝土初凝时间计算确定模板侧压力。

（2）墩墙底部过渡层对拉螺杆直径不宜小于 16mm，间距不宜大于 600mm×600mm，墩墙底部第一排对拉螺杆距底板 0.2m，底部 3 排对拉螺杆采用双螺母；必要时底部 1.5m～2.0m 以下模板及支撑系统与上部分开，便于拆模时间控制。

3. 过渡层混凝土浇筑

过渡层混凝土浇筑应遵守下列规定：

（1）墩墙与底板结合部位应凿毛清理干净，浇筑前应饱水湿润养护不宜少于 7d。

（2）过渡层混凝土厚度宜为 300mm～600mm。

（3）混凝土应采用串管等入仓，入仓高度不宜大于 1.5m。超过 1.5m 时应采用串筒、溜管、溜槽等缓降设施，布置间距不宜大于 5m；混凝土倾落高度超过 10m 时应设置减速装置。

（4）入仓混凝土应及时平仓，出料口下方混凝土堆积高度不宜超过 1m，不应用振动棒分摊、拖赶混凝土。

4. 过渡层混凝土拆模

（1）过渡层混凝土带模养护时间不应少于 10d，还应在现场制作过渡层混凝土同条件养护试件，其强度大于 10MPa 后方可拆模。

（2）大风或气温降幅超过 10℃时不应拆模。

5. 过渡层混凝土养护

拆模后应采用覆盖节水养护膜、喷涂养护剂、覆盖复合土工膜等材料保湿养护，或现场喷雾养护。墩墙底部过渡层混凝土包括带模养护时间不宜少于 28d；养护期间不应出现干湿循环。

5.7.4　技术措施与方法

（1）施工单位应根据设计和有关标准的规定，制定墩墙底部设置过渡层混凝土预防裂缝施工方案，并履行有关的批准手续，必要时组织方案论证。

（2）施工单位应检查原材料备料情况，应储备足够原材料以保证混凝土连续生产，水泥进场后宜有7d以上的储存期，控制混凝土生产时的水泥温度，不宜高于60℃，避免因水泥温度过高与减水剂适应性变差，混凝土坍落度损失加快。

（3）施工前应对原材料进行检查，并有合格签证记录。原材料质量应符合产品标准和合同约定，并与配合比试验用原材料基本一致。重要结构和关键部位混凝土浇筑前，水泥、粗骨料、细骨料等原材料宜专库、专仓使用，骨料宜仓储。制备过程中，施工单位应驻厂检查原材料、配合比、计量、拌和物质量等。

（4）施工过程中对混凝土拌和、运输、入模、振捣、养生、温度监控等进行全过程检查。

（5）混凝土施工宜对试验室配合比进行工艺性试浇筑和首件认可检查。

（6）钢筋制作安装、模板制作安装、混凝土浇筑等施工人员进行培训，并保持相对固定。模板和钢筋制作安装方案应经监理机构审查批准。

（7）混凝土生产应符合《预拌混凝土》（GB/T 14902—2012）、《混凝土生产控制标准》（GB 50164—2011）和《预拌混凝土绿色生产及管理技术规程》（JGJ/T 328—2014）的规定。

（8）原材料计量、搅拌、运输应符合《预拌混凝土》（GB/T 14902—2012）和《水工混凝土施工规范》（SL 677—2014）的规定。

（9）应安装串管等，保证混凝土入仓高度不大于1.5m～2.0m；控制混凝土浇筑速度和坯层厚度，结构断面突变以及混凝土到达水平止水片（带）下部、顶层钢筋的下部，宜静停1h以上，等待混凝土初步沉实后，进行二次振实再继续浇筑混凝土。

（10）为防止混凝土输送泵在泵送过程中出现故障导致结构混凝土出现施工冷缝，应根据混凝土初凝时间、浇筑气温、混凝土量、运输距离等，确定现场是否需配置2台输送泵，或制定相应的预案。

（11）按照2.7.3节的要求进行温度控制。

（12）施工过程中宜采用混凝土无线测温仪自动监测墩墙底部过渡层和上部混凝土的温度。

5.7.5　质量控制标准

钢筋加工与安装、模板制作安装、混凝土温度控制、现场混凝土质量控制按照第2章2.7.4节的要求执行。

5.7.6　墩墙底部过渡层混凝土质量控制

1. 混凝土生产

（1）过渡层混凝土在预拌混凝土公司生产时，除应符合普通混凝土生产质量控制要求外，质量控制要点如下：

1）混凝土生产前，宜对原材料封存，粗骨料宜进行冲洗以控制含泥量。

2）橡胶粉、超缓凝剂应按每盘混凝土用量准确称量，用专用容器盛装，专人负责投料；超缓凝剂自动计量的，每班生产前应校核计量设备。

3）混凝土生产过程中，施工单位应驻厂检查原材料、配合比、计量、拌和物质量等。

4）混凝土拌和时间宜较常规混凝土延长 15s 以上。

5）混凝土搅拌运输车装料前应将筒内的积水排净，运输及等候过程中应保持罐体转速，卸料前搅拌车罐体宜快速旋转搅拌 20s 以上后再卸料。

6）新拌混凝土坍落度宜为 180mm～220mm，含气量 2.5%～4.0%，混凝土初凝时间应符合设计要求，或控制在 40h～96h（标准养护）。

（2）过渡层混凝土在现场添加超缓凝剂和橡胶粉时，质量控制要点如下：

1）现场添加的混凝土强度等级较墩墙设计强度等级提高 1 级。

2）应提前称量超缓凝剂加入量，并盛装于塑料容器中；橡胶粉按袋添加；专人负责添加超缓凝剂和橡胶粉，搅拌时间用秒表等计时，超缓凝剂和橡胶粉添加顺序和搅拌时间应符合 5.5.2.8 节的要求。

2. 混凝土浇筑

墩墙底部过渡层混凝土浇筑应符合《水闸施工规范》（SL 27—2014）或《水工混凝土施工规范》（SL 677—2014）的规定，质量检验评定应符合《水利工程施工质量检验与评定规范》（DB32/T 2334—2013）等标准的规定。混凝土浇筑质量控制要点如下：

（1）混凝土浇筑前保持结合部位处于温润状态，时间不宜少于 7d；清除结合面上的杂物、碎屑等。

（2）现场采用串筒、导管、溜管（槽）等缓降措施，间距不宜大于 6m；混凝土自由下落高度不宜大于 1.5m，避免产生离析现象。

（3）到工混凝土应核验送货单，核对混凝土强度等级、配合比，检查混凝土运输时间和混凝土拌和物外观，检测混凝土坍落度等；现场加入橡胶粉和超缓凝剂时应搅拌均匀，坍落度满足质量控制要求。

（4）根据结构尺寸、钢筋密集程度，确定低弹模超缓凝混凝土各点下料量，保证底部混凝土布置均匀。

（5）在低弹模超缓凝混凝土浇筑振捣完成后，继续浇筑上部的普通混凝土。

3. 混凝土养护

（1）墩墙底部过渡层混凝土带模养护时间，不宜少于 14d。

（2）现场采用与墩墙相同模板材料制作的 150mm×150mm×500mm 试件，浇筑过渡层混凝土，顶面覆盖模板。观测同条件养护试件凝结硬化情况，同时在拆除结构模板前先拆除同条件试件的模板，检测侧面混凝土回弹强度，判断模板是否可以拆除；或制作 150mm×150mm×150mm 立方体试件，测试试件的抗压强度。

（3）遇气温骤降，不应拆模。

（4）拆模后应采取包裹、覆盖、喷涂养护剂、喷淋、洒水等保湿养护措施，人工洒水养护应能保持混凝土表面充分潮湿。混凝土养护时间不宜少于 28d。

（5）日平均气温低于 5℃时，应按冬季施工技术措施进行保温养护，不应洒水养护。

5.7.7　常见质量问题

1. 混凝土凝结时间不符合设计要求

（1）现象。延性超缓凝混凝土的凝结时间达不到设计要求，如凝结时间偏短或过长。

（2）原因。超缓凝剂掺量是影响混凝土凝结时间的关键；气温也是影响凝结时间不可忽视的因素，浇筑气温变化较大未调整超缓凝剂的掺量。

（3）控制措施。控制超缓凝剂掺量，并根据气温的变化适当调整缓凝剂掺量。制作同条件养护试件，根据其凝结硬化情况确定拆模时间，如遇凝结时间偏长，应延长拆模时间，并加强拆模后的保温与保湿养护。

2．模板粘模

（1）现象。拆模时，混凝土粘附模板，有损坏棱角等现象。

（2）原因。混凝土凝结时间偏长，拆模时间偏早；模板上脱模剂涂刷厚度偏大。

（3）控制措施。选用优质模板脱模剂；延长带模养护时间，带模养护时间应根据气温情况适当调整；遇气温降低应适当减少缓凝剂掺量，延长拆模时间，并增加模板外保温措施。

3．墩墙底部产生蜂窝麻面

（1）现象。墩墙底部有蜂窝、麻面、烂根现象。

（2）原因。墩墙与底板结合面未清理干净；墩墙钢筋密集，混凝土流动受阻；入仓混凝土坍落度偏小，流动性不好；混凝土骨料粒径偏大；入仓混凝土离析；振捣不均匀。

（3）控制措施。立模前墩墙与底板结合面先清理干净，混凝土浇筑前再次清理，并提前洒水湿润处理；在保证混凝土强度的前提下适当增加入仓混凝土的坍落度和扩展度；降低粗骨料的最大粒径，提高砂率；降低混凝土入仓自由下落高度；加强振捣。

4．混凝土强度不达标

（1）现象。混凝土抗压强度达不到设计要求。

（2）原因。混凝土计量不准，配合比控制不严，原材料与试验材料不一致，或性能相差较大；实际水胶比和用水量偏大；超缓凝剂用量偏多；养护不到位。

（3）控制措施。做好混凝土配合比设计；加强混凝土原材料质量控制，适当增加水泥和胶凝材料的用量，控制水胶比和用水量，不得随意乱加水；根据气温调整超缓凝剂掺量；加强混凝土养护，延长带模养护时间。

5.8 安全措施

本工法施工安全措施除执行第 2 章 2.8 节的规定外，尚需执行以下安全措施：

（1）制定墩墙底部延性超缓凝混凝土过渡层模板制作安装、混凝土浇筑、模板与支架系统拆除安全管理措施。

（2）模板及其支撑系统应进行设计，应根据墩墙底部过渡层混凝土初凝时间计算确定模板侧压力，确保模板及其支撑系统在混凝土浇筑过程中的安全。

（3）本工法现场施工涉及风险源主要有：模板安装、脚手架安装、模板拆除、脚手架拆除、用电安全，应编制风险源控制清单，并制定相应的控制措施。

（4）模板安装、脚手架安装、混凝土浇筑作业人员应得到培训，考核应合格，明确安全职责，安全教育、安全交底应履行签字手续。架子工应持证上岗。

（5）底部过渡层混凝土拆模前同条件养护试件混凝土强度应达到 10MPa 以上，且带模养护时间宜大于 14d 才能拆模；拆模时应履行手续，应经施工单位现场技术负责人和监理工程师同意。

5.9 环保与资源节约

5.9.1 环保措施

墩墙底部设置过渡层混凝土施工过程中环保措施除执行 2.9.1 节的措施外，还应执行下述措施：

（1）现场向混凝土搅拌运输车中添加超缓凝剂和橡胶粉时，做好塑料容器、包装袋等现场废弃物收集处理，不得随意丢弃，严禁焚烧处理。

（2）现场添加超缓凝剂和橡胶粉，未用完的材料应收集集中存放，不应随意废弃。

5.9.2 资源节约

本工法降低了墩墙混凝土开裂风险，节约了裂缝产生后修补处理的费用；提高了混凝土耐久性能，减少了服役阶段维护成本，从而节约了资源，提高了投资效益。本工法使用废弃的轮胎制作的橡胶粉，减少了轮胎堆放占地、对环境造成的污染。

5.10 效益分析

5.10.1 技术效益

本工法推荐 C25～C50 墩墙底部过渡层混凝土配合比，提出了《延性超缓凝混凝土过渡层预防墩墙结构温度裂缝施工工法》。墩墙底部设置过渡层后减轻了底板等下部结构对上部混凝土的约束，从而降低墩墙混凝土开裂风险，或裂缝宽度变细，将有害裂缝转变为无害裂缝。

本工法与减少水泥用量、通水冷却等组合应用，为墩墙温度裂缝预防提供一种组合方法，提高了结构混凝土的抗裂性能，促进和推动了水工混凝土施工技术水平的提高与行业科技进步。

5.10.2 经济效益

以一座 3 孔节制闸为例，闸墩长度为 20m，高度 9m，厚度 1.2m。闸墩在底部浇筑 30cm 厚度的低弹模超缓凝混凝土（共 28.8m³），成本为 15355.65 元，直接浇筑普通细石混凝土成本为 11415.75 元；混凝土带模养护时间延长 7d，模板摊销、脚手架租赁等费用为 0.9 元/(m²·d)，模板面积为 1526m²，需费用 9613.80 元；采用常规施工防裂方法，4 只闸墩产生总长度约 20m 的温度收缩裂缝，裂缝处理费用为 30000.00 元（专家论证费用 5000.00 元，灌浆处理费用为 25000.00 元）。

经计算，使用本工法，底部低弹模超缓凝混凝土及带模养护时间延长增加的费用为 13553.70 元，与产生裂缝后论证、处理的费用相比，还节约了 16446.30 元。综合计算，使用本工法，节约了裂缝论证和处理费用 55%。

应用实例 **5.11**

5.10.3 社会效益

本工法混凝土开裂风险降低，提高了结构混凝土耐久性能，节约了使用阶段维修养护费用，提高了投资效益。

5.10.4 环保效益

本工法在墩墙过渡层混凝土中掺入橡胶粉，推进了废旧轮胎资源再生利用，能够减少废弃轮胎占地和环境污染。

墩墙混凝土开裂风险降低，温度裂缝得到预防，减少了因混凝土开裂需要使用化学浆材进行修复处理对环境造成的影响，因此，环保效益显著。

5.11 应用实例

5.11.1 南京市浦口区施桥泵站

5.11.1.1 工程概况

南京市浦口区施桥泵站设计引水流量为 $2m^3/s$，安装 2 台水泵，设计强度等级为 C30。混凝土采用南京中联混凝土有限公司生产的商品混凝土，C30 混凝土中 P·Ⅱ52.5 水泥用量为 $260kg/m^3$，粉煤灰 $54kg/m^3$，矿渣粉 $69kg/m^3$，砂 $738kg/m^3$，碎石 $1050kg/m^3$，VC-IA 减水剂 $6.1kg/m^3$，水 $170kg/m^3$，坍落度为 180mm。

施桥泵站施工过程中邀请江苏省水利科学研究院进行技术指导，并在站身水泵层站墩、电机层站墩首次试点应用底部浇筑过渡层预防裂缝技术，在站墩的底部分别浇筑一层平均厚度为 25cm～30cm 的低弹模超缓凝混凝土。2020 年 3 月 31 日在工地进行掺橡胶粉和缓凝剂混凝土试验，2020 年 4 月 15 日浇筑站身水泵层站墩，2020 年 4 月 23 日浇筑站身电机层站墩。

5.11.1.2 应用情况

1. 底板混凝土中掺入橡胶粉和超缓凝剂试验

2020 年 3 月 31 日，在施工现场进行掺橡胶粉和 HLC-SRT 混凝土超缓凝剂混凝土试验，在工地底板 C30 混凝土中掺入胶凝材料用量 1% 的超缓凝剂、50 目橡胶粉 $40kg/m^3$；混凝土试件强度检测结果见表 5.4。

表 5.4 混凝土强度检验结果

类 型	养护方式	抗压强度/MPa	
		20d	28d
普通混凝土	同条件自然养护	27.5	33.3
低弹模超缓凝混凝土		27.0	31.5

2. 站墩底部浇筑延性超缓凝混凝土情况

浦口区施桥泵站水泵层和电机层站墩底部先浇筑一层平均厚度为 30cm 的延性超缓凝混凝土，为在 C35 普通混凝土中掺入 $3.7kg/m^3$ 的 HLC-SRT 超缓凝剂（胶凝材料用量的 1%）、50 目 $32kg/m^3$ 的橡胶粉，混凝土坍落度为 160mm～180mm。

超缓凝剂和橡胶粉在现场加入混凝土运输车中，并搅拌均匀。为检验混凝土中添加超缓凝剂和橡胶粉后搅拌均匀情况，从搅拌车中分 3 次卸料取样，制作混凝土强度试件，工地先进行现场同条件养护 15d，再标准养护 21d，混凝土强度检验结果见表 5.5；电机层站墩混凝土回弹强度检测结果，见表 5.5。

表 5.5　　　　　　　　　　　　　混凝土强度检验结果

类型	150mm×150mm×150mm 试件					结构混凝土回弹强度			备注
	编号	取样时间点	养护方式	养护龄期/d	抗压强度/MPa	龄期/d	均方差/MPa	推定强度/MPa	
普通混凝土	N－4	搅拌车 1/3 卸料时	同条件自然养护 15d，再标准养护 21d	36	38.9	15	0.98	31.7	强度等级 C30
延性超缓凝混凝土	N－1	搅拌车开始卸料时		36	42.1		2.37	29.2	在 C35 混凝土中掺入超缓凝剂和橡胶粉
	N－2	搅拌车 1/3 卸料时		36	40.9				
	N－3	搅拌车结束卸料时		36	43.5				

表 5.5 混凝土强度检验结果可见，在混凝土搅拌车中加入超缓凝剂和橡胶粉，采取单独投入超缓凝剂、分 3 次投入橡胶粉搅拌，3 个时间段分别取样制作的混凝土试件最高和最低强度分别为平均值的 103％、97％，说明混凝土拌合物的均匀性能够得到保证。

分别在距底板高度 5cm 和 80cm 处安装测温元件各 4 只，测量温度，取其平均值，温度曲线见图 5.8。由图 5.8 可见，站墩普通混凝土在 24h～26h 达到最高温度 51.9℃，然后进入降温阶段；延性超缓凝混凝土温度自浇筑后也在缓慢上升，50h～52h 达到最高温度 35.6℃，然后进入降温阶段。延性超缓凝混凝土和普通混凝土相比，最高温度出现时间推迟 25h 左右。

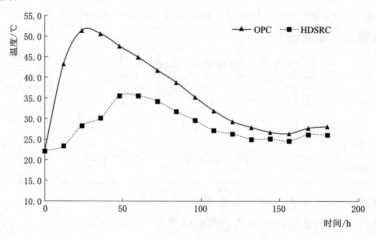

图 5.8　浦口施桥泵站混凝土温度观测曲线

注　OPC 代表墩墙普通混凝土，HDSRC 代表墩墙底部延性超缓凝混凝土

5.11.1.3 应用效果

1. 混凝土强度

施桥泵站混凝土强度检验结果见表5.6。

表5.6 施桥泵站混凝土强度检验结果

混凝土类型	龄期/d	抗压强度/MPa	回弹强度/MPa
延性超缓凝混凝土	15	34.2	29.2
普通混凝土	15	36.7	31.7

2. 裂缝情况

水泵层和电机层站墩未产生温度裂缝;电机层胸墙的底部未浇筑延性超缓凝混凝土,出现1条竖向裂缝(图5.9)。

5.11.2 南通市海港引河南闸站工程

5.11.2.1 工程概况

海港引河南闸站工程位于南通市崇川区海港引河与长江连通处,主要功能为防洪、排涝、水资源调度及改善水环境。节制闸为单孔,净宽16m,设计流量160m³/s,采用单孔上卧式弧形门;泵站双向引水排涝,流量48m³/s,采用3台单机流量为16m³/s的竖井贯流泵(图5.10)。工程设计使用年限为100年,主体结构混凝土设计强度等级为C35。闸墩长度为38m,厚度为2m,高度为9.73m;站墩长度38m,厚度为1.2m,高度为5.7m;泵站空箱层(−1.8m~4.0m)上下游挡水墙为固支结构,两端与站墩相连,挡水墙中间还有小隔墩相连,挡水墙墙长26m,高度7.53m,厚度0.75m;清污机桥墩长20m,厚度1.2m。主体结构主要在2020年4月—2021年8月期间浇筑混凝土。

图5.9 电机层胸墙未浇筑延性超缓凝
混凝土过渡层产生裂缝

图5.10 南通市海港引河南闸站工程

海港引河南闸站工程施工过程中,探索应用新的防裂技术,在江苏省水利科学研究院指导下,在闸墩、站墩(高程−1.8m~4.0m)、挡水墙、清污机桥墩(南侧设置过渡层、北侧未设置,两者对比)等部位采用延性超缓凝混凝土过渡层防裂技术,即在墙体的底部先浇筑一层厚度20cm~35cm的延性超缓凝混凝土,再继续浇筑普通C35混凝土。

5.11.2.2　应用情况

1. 原材料

水泥为 42.5 普通硅酸盐水泥；粗骨料采用 2 级配碎石，其中中石子规格为 16mm～31.5mm，小石子规格为 5mm～16mm；细骨料为天然中砂；粉煤灰为 F 类 Ⅱ级粉煤灰；矿渣粉为 S95 级粒化高炉矿渣粉；外加剂为 PCA-10 聚羧酸高性能减水剂；拌和用水为自来水；超缓凝剂为南京瑞迪高新材料有限公司生产的 HLC-SRT 混凝土超缓凝剂，固含量 18.85%，密度 1.08g/cm³，pH 值为 7.28，氯离子含量 0.006%，总碱量 0.1%；橡胶粉细度为 50 目；膨胀剂为 HME-V 膨胀剂；纤维为聚丙烯合成纤维。

2. 配合比

闸墩、泵站站墩和清污机桥墩 C35 混凝土配合比见表 5.7。

表 5.7　　　　　　　　　　海港引河南闸站混凝土配合比

| 混凝土类型 | 配合比/(kg/m³) | | | | | | | | | | | 坍落度/mm |
	水泥	粉煤灰	矿粉	细骨料	粗骨料	水	超缓凝剂	橡胶粉	纤维	减水剂	膨胀剂	
普通混凝土	280	50	60	760	1060	150	—			6.3	30	150～180
延性超缓凝混凝土	300	90	60	790	950	165	5	20	1	6.2	—	180～220

5.11.2.3　应用效果

1. 闸墩

在南闸墩底部浇筑延性超缓凝混凝土厚度为 30cm～35cm，平均为 33cm；在北闸墩底部浇筑延性超缓凝混凝土厚度为 20cm～25cm，平均为 24cm。

（1）温度监测。闸墩距底板 1.4m 中心温度监测结果见图 5.11，由图 5.11 可见，闸墩混凝土在浇筑后 34h～40h 左右达到最高温度 80℃，说明混凝土水化热大、温升快，对裂缝预防十分不利。

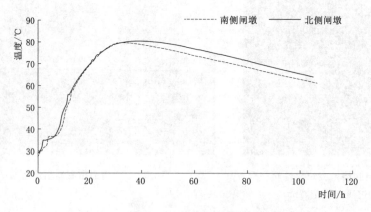

图 5.11　海港引河闸墩中心温度发展曲线

（2）应变监测。分别在南闸墩和北闸墩距底板向上 1.4m、2.0m 中心安装振弦式应变计，应变监测结果见图 5.12。由图 5.12 可见，南闸墩的应变低于北闸墩，分析认为与南闸墩底部过渡层的厚度大于北闸墩有关。

（3）裂缝情况。闸墩裂缝情况检查结果见表 5.8。与海港引河南闸站工程同期施工的

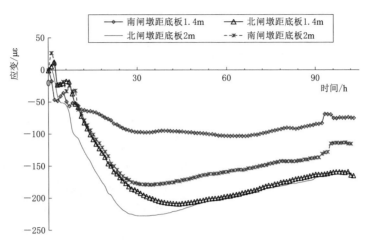

图 5.12　海港引河闸墩混凝土应变监测结果

部分工程闸墩或站墩裂缝情况亦见表 5.8。表 5.8 可见，海港引河南闸站闸墩采用过渡层技术，裂缝数量和缝宽低于同期施工的类似工程站墩或闸墩，与 3 个对比工程相比，海港引河南闸站闸墩开裂面积降低了 47%～78%。

表 5.8　　　　　　　　　　　　　墩墙温度裂缝情况统计表

工程名称	结构尺寸 （长度×厚度） （m×m）	强度 等级	浇筑 月份	裂缝预防措施	裂缝情况	单位体积 裂缝面积 /（mm²/m³）
海港引河南 闸站闸墩	38×2	C35	8	底部延性缓凝混凝土 过渡层＋掺膨胀剂＋通 水冷却	南闸墩 3 条，北闸墩 4 条，缝 宽 0.16mm～0.23mm	$4.2×10^{-3}$
YZZ 泵站 岸墩	34×1.2	C35	7	掺膨胀剂＋带模养护	10 条，缝宽 0.1mm～0.2mm， 缝长 1m～3m	$19.5×10^{-3}$
JP 泵站 站墩	27×1.15 （边/缝墩）	C30	11	掺膨胀剂＋通水冷却	6 只缝（边）墩，每只产生 3～4 条裂缝，缝宽 0.16mm～ 0.23mm	$8.94×10^{-3}$
JXH 闸墩	20×1.5、 20×1.2	C40	12	掺膨胀剂＋通水冷 却＋保温	4 个闸墩，13 条裂缝，缝宽 0.15mm～0.3mm	$7.95×10^{-3}$

注　单位体积裂缝面积指裂缝最大宽度和裂缝长度之积与墩墙的体积之比值。

2. 泵站站墩与挡水墙

（1）在泵站空箱层（−1.8m～4.0m）站墩的底部浇筑一层延性超缓凝混凝土。经检查，除站墩与挡水墙固结交叉部位产生微细的 0.18mm 的裂缝外，其余部位没有产生裂缝。

（2）在泵站空箱层（−1.8m～4.0m）上下游挡水墙底部浇筑一层厚度达到 0.8m～1.0m 的延性超缓凝混凝土过渡层（图 5.13）。经检查，长江侧挡水墙没有裂缝，内河侧挡水墙仅有 1 条微细裂缝，缝宽 0.08mm。

目前水工建筑物中长度 20m 左右的扶壁式翼墙、胸墙、挡水墙一般出现 1～3 道缝宽

0.15mm～0.30mm 的收缩裂缝，有的裂
缝数量达到 5 条左右。海港引河南闸站工
程挡水墙采用过渡层技术，有效地预防了
温度裂缝的发生。

3. 清污机桥桥墩

在南侧清污机桥桥墩的底部浇筑一层
延性超缓凝混凝土，作为对比北侧清污机
桥墩未设置过渡层。

（1）温度监测。清污机桥墩距底板向
上 2m 中心混凝土温度监测结果见图
5.14，图 5.14 可见南侧清污机桥墩 34h
最高温度 79.4℃，北侧清污机桥墩 40.5h
最高温度 77.6℃。

图 5.13　泵站挡水墙底部设置延性混凝土过渡层

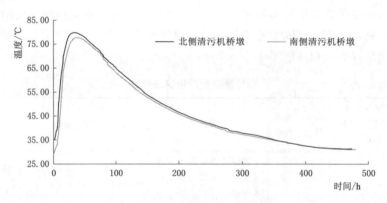

图 5.14　清污机桥墩温度发展曲线

（2）应变监测。分别在南侧清污机桥墩和北侧清污机桥墩距底板向上 0.8m、2.0m
和 3.2m 中心安装振弦式应变计，应变监测结果见图 5.15（北侧清污机桥墩 2.0m 高度应
变计损坏）。

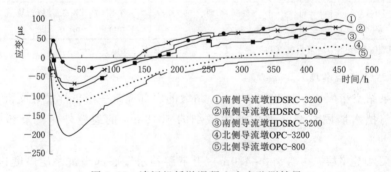

图 5.15　清污机桥墩混凝土应变监测结果

由图 5.15 可见：

1）南侧清污机桥墩设置过渡层后，混凝土应变低于未设置过渡层的北侧清污机桥墩，

其中 0.8m 高度中心混凝土应变降低 $135\mu\varepsilon$，3.2m 高度中心混凝土应变降低 $83\mu\varepsilon$。

2）南侧清污机桥墩 254h 左右拆模后，混凝土应变出现突变，北侧清污机桥墩在 200h 左右拆模后混凝土也出现应变突变，表明拆模后对混凝土温度裂缝的发展可能带来影响。

3）墩墙在中下部某一高度范围内存在应变最大点，这也是墩墙裂缝呈枣核形原因所在。

4）墩墙混凝土中掺入膨胀剂，膨胀剂水化反应补偿了混凝土的收缩，混凝土拉应变可能转变成压应变。墩墙底部设置过渡层的南侧清污机桥效果更明显。

（3）裂缝情况。南侧清污机桥墩设置过渡层后，在距离东侧伸缩缝 8m 处产生 1 条缝宽 0.1mm、缝长 7.1m 的竖向微细裂缝；北侧清污机桥墩未设置过渡层，在墩中心产生 1 条缝宽 0.25mm、缝长 10m 的竖向裂缝。温度裂缝开裂面积降低率 68%，并将有害裂缝转变为无害裂缝。

5.11.3 某节制闸空箱翼墙

5.11.3.1 工程概况

某节制闸拆建工程为老闸原址拆除重建，主要功能为挡潮、排涝，为单孔闸，净宽 12.0m，设计排涝流量为 $96.3m^3/s$，闸室及其与江堤联接的长江侧翼墙按 2 级水工建筑物设计，概算 3477.85 万元。工程设计使用年限为 50 年，底板、闸墩、排架、胸墙、翼墙设计强度等级为 C30，主体结构在 2020 年 12 月—2021 年 4 月期间浇筑混凝土。

节制闸施工过程中，在长江侧第一节右岸空箱翼墙采用延性超缓凝混凝土过渡层防裂技术，即在翼墙的底部先浇筑一层平均厚度 25cm 的延性超缓凝混凝土，再继续浇筑普通 C30 混凝土。

5.11.3.2 应用情况

1. 原材料

水泥为 42.5 普通硅酸盐水泥，比表面积 $362m^2/kg$，28d 抗压强度为 53.4MPa；粗骨料采用 2 级配碎石，其中中石子规格为 16mm～31.5mm，小石子规格为 5mm～16mm，压碎值 3.5%，针片状颗粒含量 2.0%，含泥量 0.4%，泥块含量 0；细骨料为福建中砂，含泥量 0.7%，细度模数 2.6，松散体积密度为 $1540kg/m^3$，表观密度为 $2625kg/m^3$；粉煤灰烧失量 2.82%，细度为 19.6%，需水量比 98%，符合 Ⅱ 级粉煤灰技术要求；外加剂为聚羧酸高性能减水剂，掺量为混凝土中胶凝材料用量的 1.6%，减水率 25%；拌用水为自来水；HLC - SRT 混凝土超缓凝剂掺量为胶凝材料用量的 0.6%；橡胶粉细度为 50 目。

2. 配合比

在长江侧第一节翼墙的底部浇筑一层延性超缓凝混凝土，厚度为 30cm，混凝土配合比见表 5.9。

表 5.9 翼墙底部过渡层混凝土施工配合比

| 配合比/(kg/m³) | | | | | | | | | | 坍落度/mm | 强度/MPa | | |
水泥	粉煤灰	矿粉	砂	小石	中石	水	减水剂	超缓凝剂	橡胶粉		7d	28d	72d
350	45	45	790	350	600	170	6.2	2.6	17	180	19.5	49.5	58.3

5.11.3.3　应用效果

经检查，采用该技术的长江侧第一节右岸空箱翼墙墙身没有产生温度裂缝（图 5.16），而同时浇筑的长江侧第一节左岸空箱翼墙墙身产生 2 条竖向温度裂缝，缝表面析出白色碳酸钙（图 5.17 箭头所示）。

图 5.16　右岸空箱翼墙墙身采用过渡层　　　　图 5.17　左岸空箱翼墙墙身未采用过渡层
　　　　未产生温度裂缝　　　　　　　　　　　　　　产生 2 条温度裂缝

5.11.4　新孟河延伸拓浚工程常州市新北区黄山河地涵工作井

5.11.4.1　工程概况

新孟河延伸拓浚工程常州市新北区境内河道施工Ⅲ标黄山河地涵工程，与新开挖的新孟河主河道轴线斜交 36.18°，包括工作井、接收井和 2 根直径 4.0m、总长约 413m 钢筋混凝土管组成。工作井位于黄山河侧，距离新建堤防外坡脚约 20m，沉井顺水流向长度为 13.5m，垂直于水流向长度为 22.6m，高度为 23.9m，分 4 次浇筑。该工程由江苏省水利建设工程有限公司承建。

沉井混凝土设计指标为 C35W6F50。在沉井混凝土浇筑施工过程中，施工单位与江苏省水利科学研究院合作，尝试将延性超缓凝混凝土用于沉井井壁，目的在于降低上部沉井井壁在凝结硬化过程中受到先期浇筑的下部沉井井壁约束，防止温度收缩裂缝的产生。

5.11.4.2　应用情况

1. 原材料

水泥为江苏鹤林水泥有限公司生产的 42.5 普通硅酸盐水泥；粗骨料采用 2 级配碎石，其中中石子规格为 16mm～31.5mm，小石子规格为 5mm～16mm，压碎值 7.5%，针片状颗粒含量 6.5%，含泥量 0.2%，泥块含量 0；细骨料为长江中砂，含泥量 0.8%，细度模数 2.7，松散体积密度为 1520kg/m³，表观密度为 2650kg/m³；粉煤灰烧失量 2.3%，细度为 9.7%，需水量比 100%，符合《用于水泥和混凝土中的粉煤灰》（GB/T 1596—2005）规定的Ⅱ级粉煤灰技术要求；矿渣粉为 S95 粒化高炉矿渣粉，比表面积 416m²/kg；外加剂为聚羧酸高性能减水剂，掺量为混凝土中胶凝材料总量的 1.13%，减水率 29%；

拌和用水为自来水；HLC-SRT 混凝土超缓凝剂掺量为胶凝材料用量的 1%；橡胶粉细度为 50 目。

2. 配合比

沉井底部延性超缓凝混凝土施工配合比见表 5.10。

表 5.10　　　　　　　　　　沉井底部延性超缓凝混凝土施工配合比

配合比/(kg/m³)										坍落度/mm	强度/MPa		
水泥	粉煤灰	矿粉	砂	小石	中石	水	减水剂	超缓凝剂	橡胶粉		7d	28d	90d
300	66	97	846	351	509	180	5.0	4.4	20	200	22.5	41.5	51.0

3. 施工情况

2021 年 1 月 4 日浇筑沉井高程 −4.0m～4.8m 段，在井壁的底部先浇筑一层 20cm～25cm 的延性超缓凝混凝土，混凝土在预拌混凝土公司生产。该节井壁下节段高程 −12.2m～−4.0m 段于 2020 年 10 月 6 日浇筑。

5.11.4.3　应用效果

1. 应变监测

在沉井高程 −12.2m～−4.0m 段顺水流向中隔墩中间 1/2，距水平施工缝 1.7m 安装振弦式应变计；在高程 −4.0m～4.8m 段左边井壁中间 1/2，距水平施工缝 1.7m 安装振弦式应变计；在下游侧井壁中间 1/2，距水平施工缝 1.7m 安装振弦式应变计。

高程 −12.2m～−4.0m 段中隔墩、高程 −4.0m～4.8m 段南侧和东侧井壁分别距离施工缝向上 1.7m 中心应变观测结果见图 5.18，由图 5.18 可见与底部浇筑普通细石混凝土相比，浇筑延性超缓凝混凝土后墩墙应变减少 $120\mu\varepsilon$ 左右。

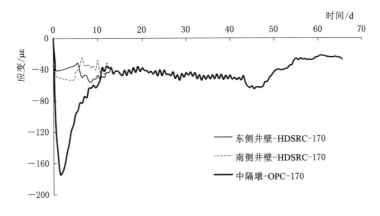

图 5.18　沉井中隔墩与井壁应变观测结果

2. 裂缝情况

沉井高程 −4.0m～4.8m 段试点应用延性超缓凝混凝土技术，没有产生温度收缩裂缝，作为对比，高程 −12.2m～−4.0m 段沉井井壁产生微细裂缝，缝面渗水（图 5.19）。

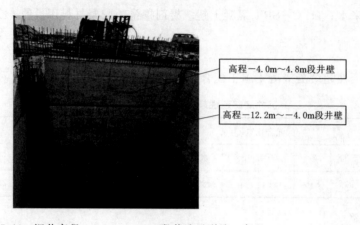

高程－4.0m～4.8m段井壁

高程－12.2m～－4.0m段井壁

图 5.19　沉井高程－4.0m～4.8m 段井壁无裂缝、高程－12.2m～－4.0m 段
井壁裂缝表面渗水

参　考　文　献

［1］　吴中如，顾冲时. 重大水工混凝土结构病害检测与健康诊断［M］. 北京：高等教育出版社，2005.

［2］　水利电力部水工混凝土耐久性调查组. 全国水工混凝土建筑物耐久性及病害处理调查总结报告. 1987.

［3］　中华人民共和国住房和城乡建设部，国家市场监督管理总局. 混凝土结构耐久性设计规范：GB/T 50476—2019［S］. 北京：中国建筑工业出版社，2019.

［4］　中华人民共和国水利部. 水工混凝土试验规程：SL/T 352—2020［S］. 北京：中国水利水电出版社，2006.

［5］　中华人民共和国住房和城乡建设部，中华人民共和国国家质量监督检验检疫总局. 普通混凝土长期性能和耐久性能试验方法标准：GB/T 50082—2009［S］. 北京：中国建筑工业出版社，2009.

［6］　中华人民共和国水利部. 水利水电工程合理使用年限及耐久性设计规范：SL 654—2014［S］. 北京：中国水利水电出版社，2014.

［7］　中华人民共和国交通运输部. 公路工程混凝土结构耐久性设计规范：JTG/T 3310—2019［S］. 北京：人民交通出版社，2019.

［8］　中华人民共和国交通运输部. 水运工程结构耐久性设计标准：JTS 153—2015［S］. 北京：人民交通出版社，2015.

［9］　中华人民共和国水利部. 水闸设计规范：SL 265—2016［S］. 北京：中国水利水电出版社，2016.

［10］　中华人民共和国水利部. 水工混凝土结构设计规范：SL 191—2008［S］. 北京：中国水利水电出版社，2008.

［11］　中华人民共和国水利部. 水闸施工规范：SL 27—2014［S］. 北京：中国水利水电出版社，2014.

［12］　中华人民共和国交通运输部. 公路桥涵施工技术规范：JTG/T 3650—2020［S］. 北京：人民交通出版社股份有限公司，2020.

［13］　江苏省地方标准. 江苏省高性能混凝土应用技术规程：DB32/T 3696—2019［S］. 南京：江苏凤凰科学技术出版社，2019.

［14］　江苏省地方标准. 水利工程混凝土耐久性技术规范：DB32/T 2333—2013［S］. 南京：江苏人民出版社，2013.

［15］　江苏省地方标准. 水利工程应用预拌混凝土技术规范：DB32/T 3261—2017［S］. 南京：江苏人民出版社，2017.

［16］　中国科技产业化促进会团体标准. 水工混凝土墩墙裂缝防治技术规程：T/CSPSTC 110—2022［S］. 北京：中国标准出版社，2023.

［17］　中国科技产业化促进会团体标准. 表层混凝土低渗透高密实化施工技术规程：T/CSPSTC 111—2022［S］. 北京：中国标准出版社，2023.

［18］　住房和城乡建设部标准定额司，工业和信息化部原材料工业司. 高性能混凝土应用技术指南［M］. 北京：中国建筑工业出版社，2015.

［19］　朱炳喜，等. 水工混凝土耐久性技术与应用［M］. 北京：科学出版社，2020.

［20］　王昌将，沈旺，宋晖. 金塘大桥建设关键技术［M］. 北京：人民交通出版社股份有限公司，2015.

[21] 田正宏，强晟. 水工混凝土高质量施工新技术 [M]. 南京：河海大学出版社，2012.

[22] 吴中伟，廉慧珍. 高性能混凝土 [M]. 北京：中国铁道工业出版社. 1999.

[23] 吴中伟. 绿色高性能混凝土与科技创新 [J]. 建筑材料学报，1998 (1)：1-7.

[24] 刘数华，冷发光，罗季英. 建筑材料试验研究的数学方法 [M]. 北京：中国建材工业出版社，2006.

[25] 张雄，陈艾荣，张永娟. 桥梁结构用耐久性混凝土设计与施工手册 [M]. 北京：人民交通出版社，2013.

[26] 王凯，马保国，龙世宗，等. 不同品种水泥混凝土抗酸雨侵蚀性能 [J]. 武汉理工大学学报，31 (2) 2009 (1)：1-4.

[27] 朱炳喜. 酸性水务环境混凝土防裂缝防碳化高性能化施工应用总结报告 [R]. 南京：江苏省水利科学研究院，2019.

[28] 查斌. 现代混凝土渗透性指标相关性研究 [J]. 混凝土世界，2020 (10)：75-79.

[29] 薛军鹏，林亚杰，陈建科，等. 氯化物环境下混凝土离子渗透性测试方法评述 [J]. 混凝土世界，2018 (10)：52-57.

[30] 付传清，屠一军，金贤玉，等. 荷载和环境共同作用下混凝土中氯离子传输的试验研究 [J]. 水利学报，2016，47 (5)：674-684.

[31] 贾佳，袁芬，杨骁. 掺粉煤灰高性能混凝土抗氯离子渗透性能研究 [J]. 混凝土世界，2018 (5)：83-89.

[32] 周双喜，盛伟，何顺爱. 基于深度学习的氯化物环境下高性能混凝土氯离子扩散系数的预测 [J]. 混凝土，2019 (7)：27-31.

[33] 杨燕，谭康豪，覃英宏. 混凝土内氯离子扩散影响因素的研究综述 [J]. 材料导报，2021，35 (13)：13109-13118.

[34] 吴丽君，邓德华，曾志，海鹏. RCM 法测试混凝土氯离子渗透扩散性 [J]. 混凝土，2006，(1)：100-102.

[35] 徐国葆. 我国沿海大气中盐雾含量与分布 [J]. 环境技术，1994，(3)：1-5.

[36] 赵尚传，张劲泉，左志武，等. 沿海地区混凝土桥梁耐久性评价与防护 [M]. 北京：人民交通出版社，2010.

[37] 陈锡林，沈长松. 江苏水闸工程技术 [M]. 北京：中国水利水电出版社，2013 (4).

[38] 朱伯芳. 水工钢筋混凝土结构的温度应力及其控制 [J]. 水利水电技术，2008 (9)：31-35.

[39] 王铁梦. 混凝土裂缝控制 [M]. 北京：中国建筑工业出版社，1999.

[40] 杨俊敬，康立荣，朱庆华. 水工建筑物墩墙温度应力分析与抗裂暗梁的设计研究 [J]. 华电技术 Vol. 34，No. 8，2012.8.

[41] R. Springenschmid. 混凝土早期温度裂缝的预防 [M]. 赵筠，谢永江，译. 北京：中国建材工业出版社，2019.

[42] [美] 理查德·W·伯罗斯. The Visible and Invisible Cracking of Concrete [M]. 廉慧珍，覃维祖，李文伟，译. 北京：中国水利水电出版社，2013.

[43] 陆采荣，吴健，梅国兴，杨华全，朱岳明，岳松涛. 南水北调工程高性能混凝土抗裂技术研究 [J]. 南水北调与水利科技，2009 (12).

[44] 马岳峰，朱岳明. 表面保温对施工期闸墩混凝土温度和应力的影响 [J]. 河海大学学报：自然科学版，2006，34 (3)：276-279.

[45] 丁兵勇，朱岳明. 墩墙混凝土结构温控防裂研究 [J]. 三峡大学学报（自然科学版），Vol. 29 No. 5，2007.10.

[46] 康明，华建民. 温度及约束对地下长墙应变分布的影响 [J]. 地下空间与工程学报，2009 (5)：1055-1059.

［47］ 杨中，吴晓荣，刘成. 挡潮闸闸墩高性能大体积混凝土温度效应与控制［J］. 水利水电科技进展，Vol. 32 No. 5，2012（10）：38－42.

［48］ 马跃先，张立云，程广蕾. 闸墩和闸底板同时浇筑的温度场和应力场研究［J］. 混凝土，2008（3）：17－21.

［49］ 吉顺文，朱岳明，强晟，等. 混凝土致裂应力与内外约束和徐变的关系［J］. 天津大学学报，2009，42（5）：394－399.

［50］ 胡勇，朱岳明，朱明笛，等. 吊空模板技术在施工期闸墩混凝土温控防裂中的应用［J］. 三峡大学学报，2008.30（6）：38－40.

［51］ 陈言兵，章勇，姜海. 后浇带在泵站出水流道混凝土防裂中应用［J］. 江苏水利，2015，（7）：19－21.

［52］ 朱丽娟，张子明. 江尖水利枢纽大体积混凝土施工仿真研究及温控措施［J］. 水利与建筑工程学报，2008，（6）：2－4，7.

［53］ 王丽，邓继，徐纯霞，等. 大体积混凝土温控和预应力协同防裂措施［J］. 江苏水利. 2022，（7）：6－10.

［54］ 邓群，程井. 基于河水通水冷却的高温季节泵闸温控防裂研究［J］. 水利技术监督，2022，（11）：182－187.

［55］ 朱炳喜，王琰，姜西坤，等. 墩墙根部设置低弹模超缓凝混凝土过渡层预防温度裂缝技术应用［J］. 江苏水利，2022（7）：1－5.

［56］ 朱炳喜. 低渗透高密实表层混凝土施工技术研究验收技术报告［R］. 南京：江苏省水利科学研究院，2017.

［57］ 朱炳喜. 提升沿海涵闸混凝土耐久性关键技术研究验收技术报告［R］. 南京：江苏省水利科学研究院，2018.

［58］ 朱炳喜. 新孟河界牌枢纽混凝土高性能化施工技术研究验收技术报告［R］. 南京：江苏省水利科学研究院，2020.

［59］ 朱炳喜. 内河淡水区水工中低强度等级100年寿命混凝土高性能化评价方法［R］. 南京：江苏省水利科学研究院，2020.

［60］ 朱炳喜. 墩墙底部延性混凝土过渡层预防温度裂缝试验研究与应用验收技术报告［R］. 南京：江苏省水利科学研究院，2021.